Résumé

Ce livre a été élaboré pour les étudiants de la première année Génie Industriel et sciences de la nature et de vie (Biologie), Pharmacie, Médecine, chimie... etc.

Au cours du 1er Semestre Universitaire du L1, il convient d'apporter aux étudiants des éléments de décision quant à leur orientation future. Le programme proposé reprend des notions déjà abordées dans le secondaire. Deux objectifs seront poursuivis à savoir :

- ❖ Formaliser ces notions essentielles en montrant que la chimie est susceptible de déductions logiques et rigoureuses.

- ❖ Aider l'étudiant à s'adapter aux méthodes pédagogiques actuellement utilisées à l'université (prise de notes, recherche de documents, etc.).

Concernant spécialement cette matière chimie 1, l'étudiant doit être capable de décrire la constitution de la matière à travers l'identification de ses composants et symboliser les atomes en utilisant les particules élémentaires constitutifs et quantifier la matière. Aussi, il doit être capable d'utiliser les règles de remplissage électronique pour localiser la position d'un élément chimique dans une classification périodique et distinguer puis classer leurs propriétés périodiques. Cela étant, l'étudiant doit être capable d'assembler les atomes dans un édifice moléculaire et doit être capable de voir la molécule dans l'espace.

Le module chimie 1 est divisé en quatre chapitres :

- ⤸ Chapitre 1 : l'étudiant doit connaitre parfaitement l'atome
- ⤸ Chapitre 2 : l'étudiant doit connaitre parfaitement la molécule
- ⤸ Chapitre 3 : l'étudiant doit connaitre comment nommer les molécules et les classés en fonction de leurs fonctions.
- ⤸ Chapitre 4 : étudier la molécule dans l'espace

Ces chapitres doivent être complétés dans cet ordre spécifique. Les étudiants seront questionnés à différents moments pour mesurer leur degré de compréhension, avant de passer au niveau suivant.

Table des Matières

Avant-propos...	01
Chapitre I : Atomistique...	02
1. Atome...	02
1.1. Introduction..	02
1.2. Noyau...	02
1.3. Electron..	03
1.4. Identification des éléments	03
1.4.1. Représentation..	03
1.4.2. Isotopes	03
1.5. Modèle Classique de l'atome (Modele de Bohr)...................................	03
1.5.1. Description (cas de l'atome d'hydrogène)	03
1.5.2. Aspect quantitatif de l'atome de Bohr	04
1.5.3. Absorption et émission d'énergie	05
1.6. Rayonnement électromagnétique	06
1.7. Spectre d'émission de l'atome d'hydrogène...	06
1.8. Généralisation aux ions hydrogénoides...	07
1.9. Energie d'ionisation	07
1.10. Nombres Quantiques	08
1.10.1. Nombre quantique principal n	08
1.10.2. Nombre quantique secondaire (ou azimutal ou orbital) l	08
1.10.3. Nombre quantique tertiaire (ou magnétique) m	08
1.10.4. Nombre quantique de spin s..	08
1.11. Description des Orbitales...	09
2. Structure électronique des atomes	10
2.1. Règle de Klechlowski...	10
2.2. Principe d'exlusion de Pauli...	10
2.3. Règle de Hund..	11
2.4. Représentation des cases	11
2.5. Couche de valence	12

2.6. Schéma de LEWIS…………………………………………………………………..	13
2.7. Règle de l'octet……………………………………………………………………..	13
3. Classification périodique des éléments ……………………………………………	14
3.1. Introduction………………………………………………………………………….	14
3.2. Propriétés chimiques des éléments et des composés……………………………..	15
3.2.1. Nombre atomique…………………………………………………………………	15
3.2.2. Masse atomique …………………………………………………………………..	15
3.2.3. Electronégativité selon Pauling………………………………………………….	15
3.2.4. Densité …………………………………………………………………………….	16
3.2.5. Point de fusion ……………………………………………………………………	16
3.2.6. Point d'ébullition …………………………………………………………………	16
3.2.7. Rayon atomique r_a …………………………………………………………..	17
3.2.8. Rayon de Van der Waals …………………………………………………………	17
3.2.9. Rayon ionique …………………………………………………………………….	17
3.2.10. Energie de première ionisation ………………………………………………….	18
3.2.11. Energie de deuxième ionisation …………………………………………………	19
3.2.12. Affinité électronique (AE) ………………………………………………………	19
3.2.13. Potentiel standard ……………………………………………………………….	19
3.2.14. Valence ………………………………………………………………………….	20
3.3. Grandes familles …………………………………………………………………..	20
3.3.1. Métaux……………………………………………………………………………..	21
3.3.2. Alcalins……………………………………………………………………………..	22
3.3.3. Alcalino-terreux……………………………………………………………………	22
3.3.4. Terreux…………………………………………………………………………….	22
3.3.5. Carbonides…………………………………………………………………………	23
3.3.6. Azotides……………………………………………………………………………	23
3.3.7. Sulfurides………………………………………………………………………….	23
3.3.8. Halogens…………………………………………………………………………..	24
3.3.9. Gaz rares (ou inertes)……………………………………………………………..	24
3.3.10. Métaux de transition…………………………………………………………….	24
3.4. Périodes …………………………………………………………………………….	25
3.5. Intérêt de la classification périodique ……………………………………………	25
3.5.1. Propriétés et place dans la classification ……………………………………….	25
3.5.2. Ions monoatomiques ……………………………………………………………..	25
3.5.3. Molécules …………………………………………………………………………	26
4. Liaison chimique…………………………………………………………………….	27
4.1. Liaisons chimiques fortes………………………………………………………….	27
4.1.1. Liaison covalente………………………………………………………………….	27
4.1.2. Liaison covalente polaire…………………………………………………………	27
4.1.3. Liaison covalente dative………………………………………………………….	28
4.1.4. Liaison ionique…………………………………………………………………….	28
4. 2. Liaisons intermoléculaires………………………………………………………..	28
4.2.1. Liaison d'hydrogène………………………………………………………………	28
4.2.2. Forces de Van der Waals…………………………………………………………	29
4.3. Moment dipolaire …………………………………………………………………	29
4.3.1. Définition………………………………………………………………………….	29
4.3.2. Moments de liaison……………………………………………………………….	30
5. Exercices avec corrections………………………………………………………….	31
Chapitre II : Molécules organiques……………………………………………………	37
1. Théorie VSEPR de Gillespie (Valence Shell Electronic Pair Repulsion) ……………	37

1.1. Supposition…………………………………………………………………..	37
1.2. Notations…………………………………………………………………….	37
1.3. Méthode AXE……………………………………………………………….	38
2. Hybridation des orbitales atomiques…………………………………………………	39
2.1. Hybridation sp^3……………………………………………………………...	39
2.2. Hybridation sp^2……………………………………………………………...	40
2.3. Hybridation sp……………………………………………………………….	40
2.4. Hybridation dsp^3…………………………………………………………….	41
2.5. Hybridation d^2sp^3…………………………………………………………..	42
3. Mésomérie…………………………………………………………………………...	42
3.1. Effets électroniques…………………………………………………………..	44
3.1.1. Effet inductif …………………………………………………………..	44
3.1.2. Effet mésomère………………………………………………………...	45
4. Exercices avec corrections…………………………………………………………...	47
Chapitre III : Classification des fonctions organiques et nomenclatures……………….	52
1. Représentations de la structure des molécules organiques………………………….	52
1.1. Formule brute ……………………………………………………………….	52
1.2. Formule développée ………………………………………………………...	52
1.3. Formule semi-développée …………………………………………………..	52
1.4. Représentation de Lewis …………………………………………………….	52
1.5. Représentations stéréochimiques (Chapitre IV)…………………………….	52
2. Nomenclature………………………………………………………………………..	52
2..1. Introduction………………………………………………………………….	52
2.2. Nomenclature IUPAC (nomenclature systématique)………………………...	53
2.3. Noms des hydrocarbures…………………………………………………….	54
2.3.1. Alcanes………………………………………………………………...	54
2.3.2. Cycloalcanes…………………………………………………………...	55
2.3.3. Hydrocarbures insaturés………………………………………………..	56
2.3.4. Hydrocarbures aromatiques……………………………………………	57
2.4. Principaux groupes fonctionnels…………………………………………….	58
2.4.1. Halogénoalcane. *Symbole RX ;X=atome d'halogène (F,Cl,Br,I).* …………..	58
2.4.2 Composés organométalliques	58
2.4.3. Alcools : *Dénomination : alcanol, Symbole ROH* ……………………	58
2.4.4. Ethers : *dénomination : alkoxyalcane, Symbole ROR'* ……………………...	58
2.4.5. Analogues soufres des alcools et ether …………………………………	59
2.4.6. Acides carboxyliques …………………………………………………..	59
2.4.7. Aldéhydes et cétones …………………………………………………..	59
2.4.8. Anhydrides…………………………………………………………….	60
2.4.9. Halogénure d'acide (ou d'acyle) ……………………………………….	60
2. 4.10. Esters ………………………………………………………………...	60
2.4.11. Amides ……………………………………………………………….	60
2.4.12. Alcane nitriles………………………………………………………..	61
2.4.13. Amines ……………………………………………………………….	61
2.4.14. Hétérocycles …………………………………………………………	62
2.4.15. Quelques autres fonctions non courantes et noms non courants………………	62
3. Classement des fonctions……………………………………………………………	63
4. Exercices avec corrections…………………………………………………………...	64
Chapitre IV : Stéréochimie……………………………………………………………..	68
1. Introduction…………………………………………………………………………	68
2. Isomérie……………………………………………………………………………..	68

2.1. Isomérie de constitution (ou de structure)…………………………………………..	69
2.1.1. Isomérie de chaîne…………………………………………………………….	69
2.1.2. Isomérie de position…………………………………………………………...	69
2.1.3. Isomérie de fonction…………………………………………………………...	70
3. Stéréoisomérie………………………………………………………………………..	70
3.1. Modes de représentation des molécules…………………………………………….	70
3.1.1. Représentation en perspective & représentation de Cram……………………….	70
3.1.2. Projection de Newman………………………………………………………….	71
3.1.3. Projection de Fischer…………………………………………………………...	71
3.2. Configuration absolue……………………………………………………………….	72
3.2.1. Définition………………………………………………………………………	72
3.2.2. Chiralité………………………………………………………………………...	72
3.2.3. Règles séquentielles de R. S. Cahn, C. Ingold, V. Prelog………………………..	73
3.2.4. Stéréodescripteurs R et S d'un centre chiral (Configuration Absolue)……………	75
3.2.5. Molécules possédant plusieurs centres chiraux…………………………………..	76
3.2.6. Configurations relatives………………………………………………………...	77
a. Configuration relative autour d'une double liaison…………………………………..	77
b. Stéréodescripteurs érythro et thréo…………………………………………………...	79
c. Nomenclature D, L de Fischer………………………………………………………..	79
4. Exercices avec corrections……………………………………………………………..	80

Chapitre 1

ATOMISTIQUE

1. Atome :
1.1. Introduction

La matière est formée à partir de grains élémentaires: les atomes. 126 atomes ou éléments ont été découverts et chacun d'eux est désigné par son nom et son symbole.

Exemple : Carbone : C ; Azote : N.

L'atome est un ensemble électriquement neutre comportant une partie centrale, le noyau (protons + neutrons), où est centrée pratiquement toute sa masse, et autour duquel se trouvent des électrons.

En fait, l'atome n'existe pas souvent à l'état libre, il s'associe avec d'autres pour former des molécules.

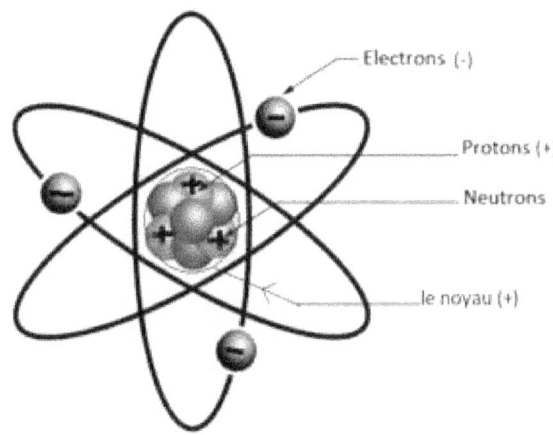

1.2. Noyau

Le noyau est formé de particules élémentaires stables appelées nucléons, qui peuvent se présenter sous deux formes à l'état libre, le neutron et le proton.
- Les protons sont chargés positivement :
$q_p = +e = 1,602 .10^{-19}$ C
- La masse du proton : $m_p = 1,673 .10^{-27}$ kg $\approx 1836\ m_e$
- Les neutrons sont de charge nulle, leur masse est : $m_n = 1,675 .10^{-27}$ kg.

Conclusion : Toute la masse de l'atome est concentrée dans le noyau.

1.3. Electron

L'électron porte une charge électrique fondamentale négative égale à $-1,6 \times 10^{-19}$ coulombs. La masse d'un électron est d'environ $9,11 \times 10^{-31}$ kg, ce qui correspond à environ 1/1 800 de la masse d'un proton. L'électron fait partie de la famille de particules appelées " **leptons** "

1.4. Identification des éléments

1.4.1. Représentation

A chaque élément chimique, on a associé un symbole. Il s'écrit toujours avec une majuscule, éventuellement suivie d'une minuscule : $^{A}_{Z}X$

Z est appelé numéro atomique ou nombre de charge, il désigne le nombre de protons (c'est aussi le nombre d'électrons pour un atome neutre). Pour un élément quelconque, la charge du noyau (protons) est **+Ze**. De même la charge des électrons sera **-Ze**.

A est appelé nombre de masse, il désigne le nombre de nucléons (protons + neutrons).
Si N représente le nombre de neutrons, on aura la relation : **A = Z + N**

1.4.2. Isotopes

Ce sont des atomes de même numéro atomique **Z** et de nombre de masse **A** différent. Un élément peut avoir un ou plusieurs isotopes.
Il n'est pas possible de les séparer par des réactions chimiques, par contre cela peut être réalisé en utilisant des techniques physiques notamment la spectroscopie de masse.

1.5. Modèle Classique de l'atome (Modele de Bohr)

1.5.1. Description (cas de l'atome d'hydrogène)

Bohr propose quatre hypothèses :

- Dans l'atome, le noyau est immobile alors que l'électron de masse m se déplace autour du noyau selon une orbite circulaire de rayon r.
- L'électron ne peut se trouver que sur des orbites privilégiées sans émettre de l'énergie ; on les appelle "*orbites stationnaires*".
- Lorsqu'un électron passe d'un niveau à un autre il émet ou absorbe de l'énergie : $\Delta E = h.v$

- Le moment cinétique de l'électron ne peut prendre que des valeurs entières (quantification du moment cinétique) : **$mvr = n.h/2\pi$**   h : constante de Planck et n : entier naturel.

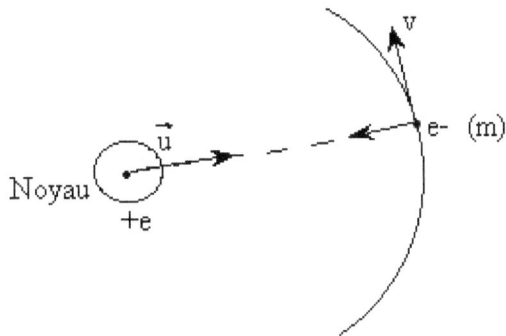

1.5.2. Aspect quantitatif de l'atome de Bohr

Le système est stable par les deux forces $\vec{F}_a$ et $\vec{F}_c$:

- Force d'attraction : $\left|\vec{F}_a\right| = \dfrac{e^2}{4\pi\varepsilon_0 r^2}$

- Force centrifuge : $\left|\vec{F}_c\right| = \dfrac{mv^2}{r}$

Le système est en équilibre si : $\left|\vec{F}_a\right| = \left|\vec{F}_c\right|$ c.à.d $mv^2 = \dfrac{e^2}{4\pi\varepsilon_0 r}$ **(1)**

Energie totale du système :

$E_T = E_c + E_p$ E_c : énergie cinétique ($E_c = mv^2/2$) et E_p : énergie potentielle, elle est due à l'attraction du noyau ($E_p = F_a.dr = -e^2/4\pi\varepsilon_0 r$)

Donc $E_T = \dfrac{-e^2}{8\pi\varepsilon_0 r}$ **(2)**

Rayon de l'orbite :

On sait que :   **$mvr = n.h/2\pi$**

Donc   **$mv^2 = n^2h^2 / 4\pi^2 mr^2$**   *(3)*

(1) et *(3)* donnent : $r = \varepsilon_0 h^2 n^2 / \pi m e^2$ *(4)*

C'est le rayon de l'orbite où circule l'électron ; il est quantifié.

Si on remplace *(4)* dans *(2)*, on obtient : $E_T = -me^4 / 8\varepsilon_0^2 h^2 n^2$ *(5)*

L'énergie totale d'un électron est donc discrète ou quantifiée.

- Pour n=1 (état fondamental : l'électron occupe l'orbite de rayon r_1 et d'énergie E_1)

$r_1 = 5,29.10^{-11}$ m $= 0,529$ Å   *(1Å = 10^{-10} m)*

$E_1 = -21,78.10^{-19}$ j $= -13,6$ eV   *(1eV = $1,6.10^{-19}$ j)*

- Pour n =2 (Premier état excité), $r_2 = 4r_1 = 2,116$ Å et $E_2 = E_1/4 = -3,4$ eV
- Pour n = 3 (Deuxième état excité), $r_3 = 9r_1 = 4,761$ Å et $E_3 = -1,51$ eV

1.5.3. Absorption et émission d'énergie

Un électron ne peut absorber ou libérer de l'énergie c.à.d rayonné qu'en passant d'un niveau (orbite) à un autre. La quantité d'énergie absorbée ou émise est égale à la différence d'énergie entre les deux niveaux (relation de Planck) :

$\Delta E = [E_f - E_i] = h\nu$ E_f : état final, E_i : état initial, h : constante de Planck, ν : fréquence de radiation.

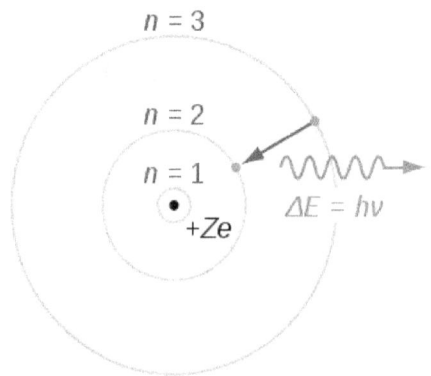

Absorption : Lorsqu'un électron passe d'un niveau n (orbites de rayon r_n) à un niveau p (p>n) supérieur (orbite de rayon r_p), il absorbe une radiation de fréquence ν_{n-p}.

Emission : Lorsqu'un électron passe d'un niveau p à un niveau n (p > n), il émet une radiation de fréquence v_{p-n}.

1.6. Rayonnement électromagnétique

Les rayons lumineux sont caractérisés par la propagation d'une onde électromagnétique à la vitesse de la lumière *(c = 3.10^8 m/s)*. Cette onde est caractérisée par sa longueur d'onde λ ou par son nombre d'onde σ : $\lambda = 1/\sigma = c/v$ v : la fréquence

Le spectre de l'ensemble des radiations peut se présenter de la façon suivante :

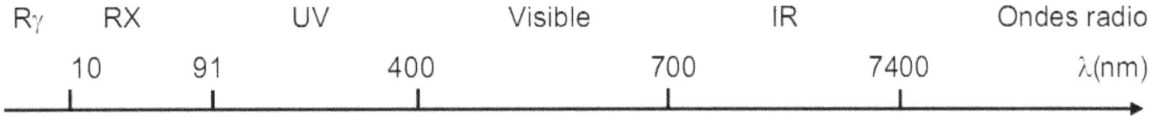

1.7. Spectre d'émission de l'atome d'hydrogène

Le spectre de raie de l'atome d'hydrogène présente quatre raies principales dans le domaine visible.

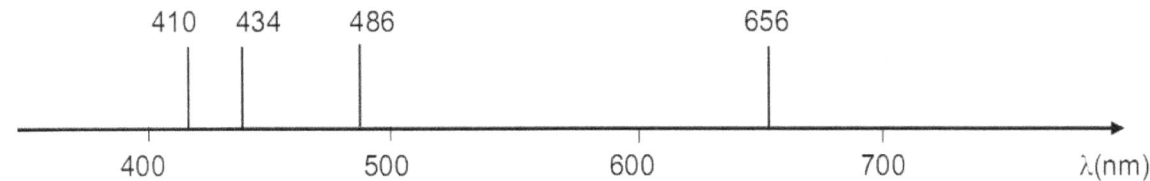

Quantification de l'énergie :

L'énergie émise ou absorbée par un électron est :

$$\Delta E = [E_p - E_n] = hv \quad p>n$$

$\Delta E = (1/n^2 - 1/p^2)\, me^4 / 8\varepsilon_0^2 h^2$ or $hv = h.c/\lambda$ C.à.d $1/\lambda = \sigma = (1/n^2 - 1/p^2)\, me^4 / 8\varepsilon_0^2 h^3 c$

$1/\lambda = R_H (1/n^2 - 1/p^2)$ avec $R_H = me^4 / 8\varepsilon_0^2 h^3 c$, appelé constante de *Rydberg*

Cette relation permet de calculer les différentes longueurs d'onde. En général, on trouve plusieurs séries de spectre selon l'état où se trouve l'électron :

- ✓ Série de **Lymann**: n = 1 et p>1 (p = 2,3...,∞)
- ✓ Série de **Balmer**: n = 2 et p>2 (p = 3,4...,∞)
- ✓ Série de **Paschen**: n = 3 et p>3 (p = 4,5...,∞)
- ✓ Série de **Brachett** : n = 4 et p>4 (p = 5,6...,∞)
- ✓ Série de **Pfund** : n = 5 et p>5 (p = 6,7...,∞)

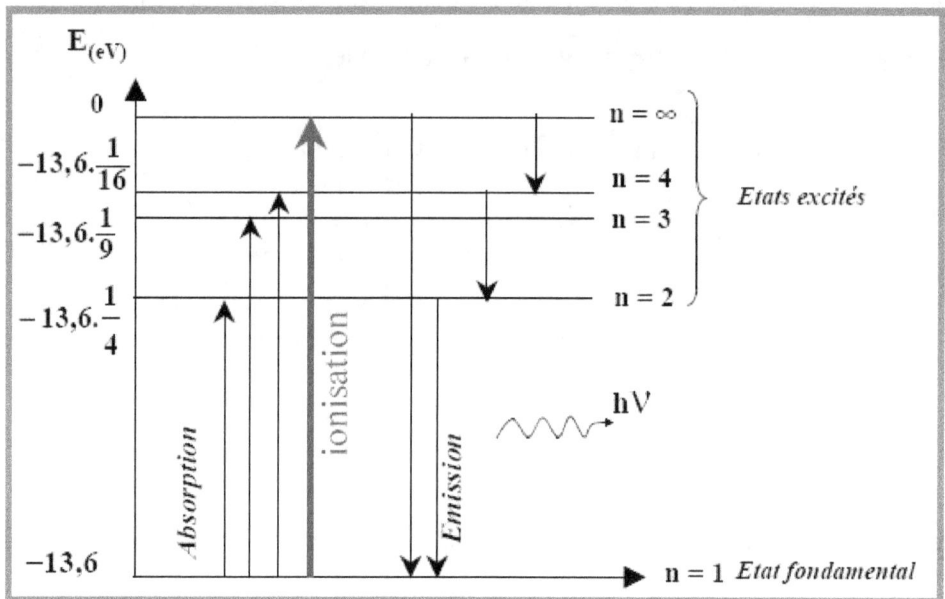

1.8. Généralisation aux ions hydrogénoïdes

Ce sont des ions qui ne possèdent qu'un seul électron.

Leurs énergie totale s'écrit : $E_T = Z^2/n^2 \cdot (-me^4/8\varepsilon_0^2 h^2)$ $\Rightarrow$ $E_T = E_1 \cdot Z^2/n^2$

Le rayon d'une orbite de rang **n** d'un ion hydrogènoïde est : $r = n^2/Z \cdot (\varepsilon_0 h^2/\pi me^2)$ ou encore $r = r_1 \cdot n^2/Z$ et $1/\lambda = Z^2 \cdot R_H (1/n^2 - 1/p^2)$

1.9. Energie d'ionisation

C'est l'énergie nécessaire pour amener l'électron de son état fondamental vers l'infinie.

H ----$h\nu_L$---> H$^+$ + 1e$^-$ ionisation de l'atome d'hydrogène

$\Delta E = h\nu_L = E_\infty - E_1 = 13{,}6\ eV$ avec ν_L : fréquence limite et $E_\infty = 0$

1.10. Nombres Quantiques :

L'état d'un électron dans un atome, c.à.d : son énergie, ses mouvements autour du noyau, la forme de l'orbitale, est défini par 4 paramètres appelés nombres quantiques.

1.10.1. Nombre quantique principal n :

n : nombre quantique principal (**n = 1,2,3,...∞**) qui définit la couche quantique (énergie de l'électron). On appelle couche l'ensemble des orbitales qui possèdent la même valeur de n.

1.10.2. Nombre quantique secondaire (ou azimutal ou orbital) l :

l est le nombre quantique secondaire ou azimutal, il peut prendre toutes les valeurs comprises entre 0 et n-1 : **0 ≤ l ≤ n-1**, l définit la notion de sous-couche et détermine les géométries des orbitales atomiques. Dans la notation spectroscopique, à chaque valeur de **l**, on lui fait correspondre une fonction d'onde que l'on désigne par une lettre :

- ✓ Si l = 0, on dit qu'on a l'orbitale **s**
- ✓ Si l = 1 → orbitale **p**
- ✓ Si l = 2 → orbitale **d**
- ✓ Si l = 3 → orbitale **f**

1.10.3. Nombre quantique tertiaire (ou magnétique) m :

m est le nombre quantique magnétique, il définit la case quantique. m peut prendre toutes les valeurs comprises entre -l et +l :   **-l ≤ m ≤ +l**

Remarque : Il y a **2l+1** valeurs de **m** (**2l+1** orbitales).

1.10.4. Nombre quantique de spin s :

Pour décrire totalement l'électron d'un atome, il faut lui attribuer un quatrième nombre quantique (noté **s** ou **m$_s$**) lié à la rotation autour de lui-même. Ce nombre ne peut prendre que deux valeurs : **S = 1/2 (↑) ou S = -1/2 (↓).**

Remarque : Chaque orbitale atomique est donc caractérisée par une combinaison des trois nombres quantiques n, l et m.

D'une façon générale, pour une couche n donnée, on aura n sous-couches, n^2 orbitales et $2n^2$ électrons au maximum.

1.11. Description des Orbitales :

Orbitale s :

Orbitale p :

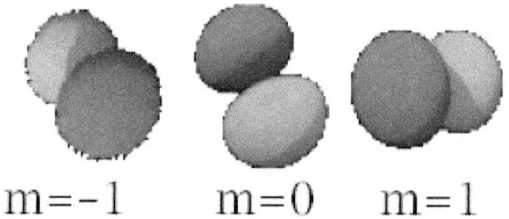

Orbitale d :

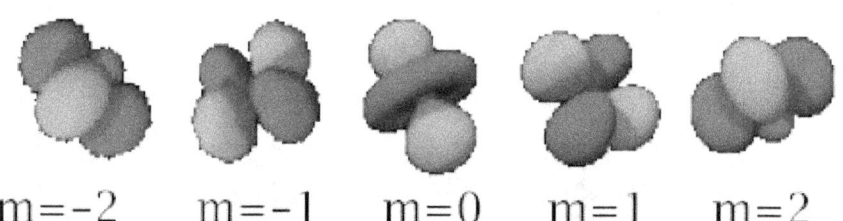

Orbitale f :

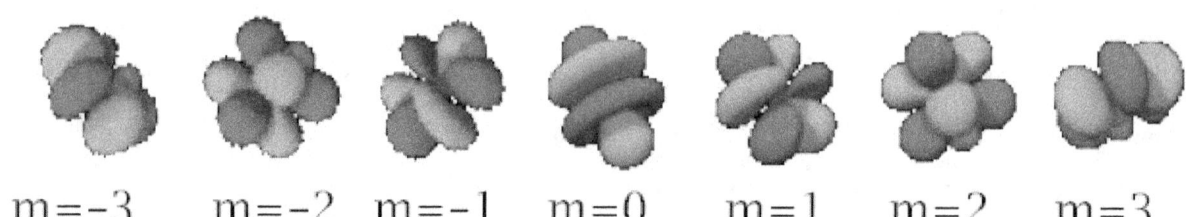

2. Structure électronique des atomes :

2.1. Règle de Klechlowski : on classe toutes les orbitales atomiques (O.A) par ordre d'énergie croissante : l'énergie augmente avec n + l et si deux sous niveau ont la même valeur, elle augmente avec n ; c.à.d → (n + l) ↑ ⇒ E ↑ et pour des niveaux ayant le même (n + l) : n ↑ ⇒ E↑.

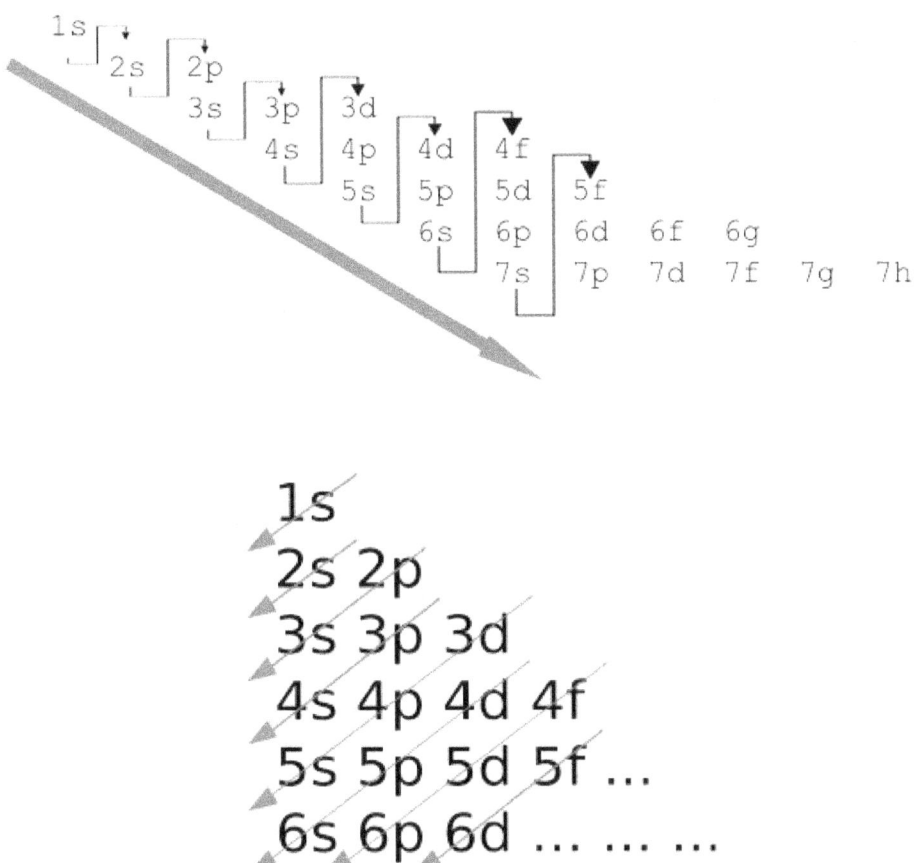

Exceptions à la règle de Klechkowski :
Exemples :
Le chrome : $_{24}$Cr : $1s^2, 2s^2, 2p^6, 3s^2, 3p^6 / 3d^5, 4s^1$ et non pas : $3d^4, 4s^2$.
Le cuivre : $_{29}$Cu : $1s^2, 2s^2, 2p^6, 3s^2, 3p^6 / 3d^{10}, 4s^1$ et non pas : $3d^9, 4s^2$

2.2. Principe d'exlusion de Pauli : Dans un atome, chaque électron doit posséder un jeu de quatre nombres quantiques différents. En conséquence, une orbitale définie par les nombres quantiques *n*, *l*, *m* ne peut contenir que deux électrons au maximum qui différent par leur quatrième nombre quantique et $s = + 1/2$ ou $s = - 1/2$.

2.3. Règle de Hund : quand on a plusieurs O.A de même énergie (p, d...), il faut occuper le maximum d'OA avec des spins parallèles.

Exemple : cas du carbone Z=6

Configuration : $1s^2\ 2s^2\ 2p^2$

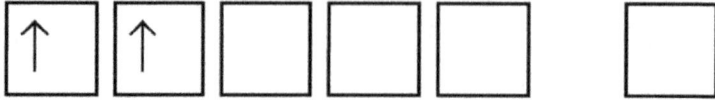

Remarque : Le remplissage des couches suit quelques règles. Ainsi, sur chaque couche électronique, il ne peut pas y avoir plus d'un certain nombre d'électrons. D'une façon générale, *le nombre maximal d'électrons sur une couche correspond à*, $2n^2$ où *n* est le numéro de la couche étudiée.

Par exemple, la quatrième couche électronique d'un atome ne peut contenir plus de 2×4^2 électrons, soit 32 électrons.

Il existe une autre règle : *la dernière couche électronique*, où couche périphérique, *ne peut contenir plus de 8 électrons*, c'est la règle de *l'octet*. Mais, évidement, s'il s'agit aussi de la première couche, elle ne pourra comporter plus de 2 électrons, c'est la règle du *duet*.
Exception.

2.4. Représentation des cases :

On peut également, et cela est parfois plus intéressant, représenter les cases quantiques par de petits carrés. Les électrons, lorsqu'ils sont présents, sont représentés par une flèche vers le haut (*spin up*) ou vers le bas (*spin down*). On a ainsi quelque chose.

↑	↑					

Les électrons
- ✓ Remplissent les cases de gauche à droite, correspondant à des énergies croissantes (d'après *a*) ;
- ✓ Les électrons remplissent d'abord une sous-couche avant de s'apparier (d'après *h*) et portent un spin *up* lorsqu'ils sont célibataires ;

✓ Il ne peut y avoir, dans une case, que deux électrons. Dans ce cas, ils ont un spin différent (d'après *p*).

On aura ainsi des configurations de la forme :

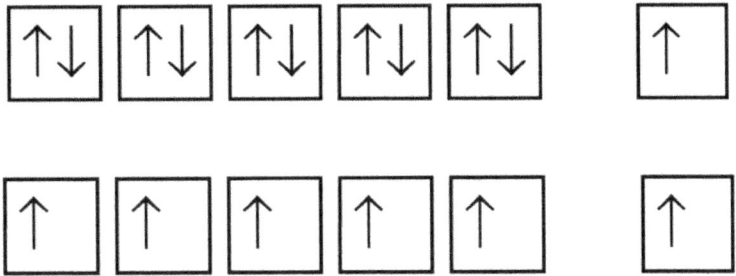

Mais *pas* de la forme suivante (car une case d'énergie haute est occupée alors que les cases d'énergie plus basse ne le sont pas, ce qui viole le principe *a*) :

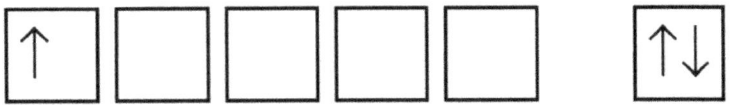

2.5. Couche de valence :

Electrons de valence : sont les électrons qui se trouvent sur la couche de valence et qui sont susceptibles d'intervenir dans l'établissement des liaisons chimiques entre différents atomes pour former une molécule.

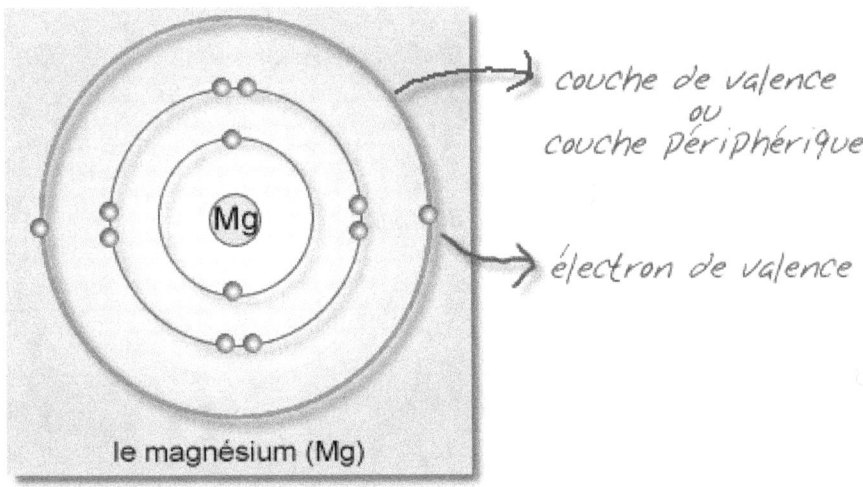

2.6. Schéma de LEWIS

Les propriétés chimiques d'un atome dépendent de sa *couche électronique externe* (couche de valence). Le schéma de LEWIS d'un atome représente cette couche électronique:

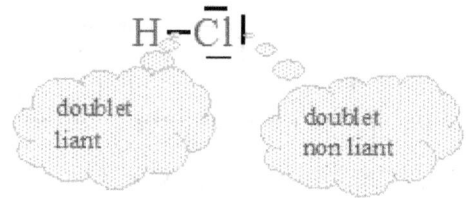

2.7. Règle de l'octet

Règle empirique selon laquelle, dans une molécule organique, chaque atome doit etre entouré de 8 électrons (en LEWIS). Cette règle est souvent prise en défaut. D'une facon plus générale, *les atomes ont tendance à acquérir la structure électronique du gaz rare le plus proche* en fixant ou cédant des électrons.

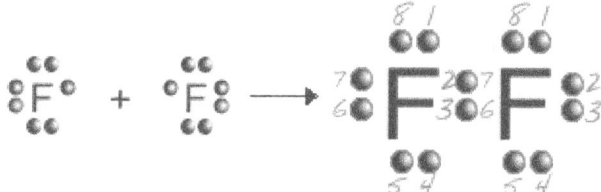

Dans la molécule F_2, les 2 atomes de fluor possèdent chacun 8 électrons sur leur couche périphérique

Sachez qu'il existe des exceptions à la règle de l'octet.

Certains atomes peuvent posséder PLUS de 8 électrons sur leur couche périphérique et d'autres atomes MOINS de 8 électrons.

3. Classification périodique des éléments :

On a vu qu'il existe de nombreux éléments chimiques différents. Afin de s'y retrouver plus facilement, on les regroupe dans une classification périodique en fonction de leurs propriétés.

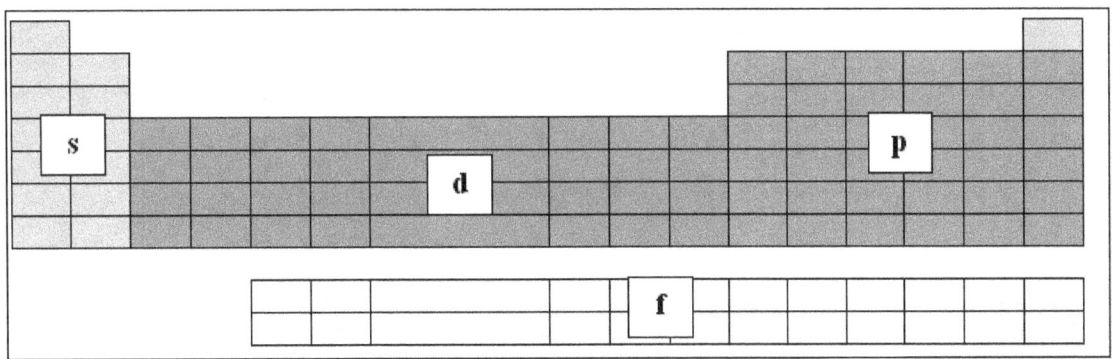

3.1. Introduction :

Mendeleïev avait proposé en 1869 une première classification dans laquelle les 64 éléments connus à cette époque étaient rangés par ordre de masse croissante. Les éléments ayant des propriétés chimiques voisines se retrouvant à intervalles réguliers, Mendeleïev eut l'idée de ranger ces éléments par colonnes constituant une même *famille*. Des cases étaient laissées vides pour de nouveaux éléments à découvrir.

Par la suite, on comprit que les similitudes des propriétés chimiques entre les éléments résultaient des analogies de répartition des électrons sur les couches externes des atomes. En conséquence, dans le tableau périodique moderne, les éléments sont rangés par numéro atomique croissant (le numéro atomique représente le nombre d'électrons entourant le noyau) :

- ✓ les colonnes correspondent aux *groupes* ; elles rassemblent les éléments ayant le même nombre d'électrons sur la couche externe, c'est-à-dire ayant des *propriétés chimiques analogues* ;
- ✓ les lignes correspondent aux *périodes* ; elles rassemblent les éléments pour lesquels les électrons occupent le même nombre de couches dans l'état fondamental.

3.2. Propriétés chimiques des éléments et des composés:

3.2.1. Nombre atomique :

Le nombre atomique indique le nombre de protons à l'intérieur du noyau de l'atome. Le nombre atomique est un concept important en chimie et en mécanique quantique. Il détermine la nature de l'élément et la place de celui-ci dans la classification périodique. En général un atome est électriquement neutre, donc le nombre d'électrons que l'on trouve autour du noyau est aussi égal au nombre atomique. Ce sont principalement ces électrons qui déterminent le comportement de l'atome. Les atomes qui portent une charge sont appelés des ions. Ils ont alors un nombre d'électrons plus grand (charge négative) ou plus petit (charge positive) que le nombre atomique.

3.2.2. Masse atomique :

Cette masse est exprimé en unité de masse atomique (u = 1/12 de la masse de l'atome de carbone). Cette masse varie selon l'isotope de l'élément considéré car elle représente aussi le nombre de particules (protons + neutrons) dans le noyau et le nombre de neutrons d'un élément varie selon l'isotope considéré. La masse atomique totale d'un élément est la moyenne des masses atomiques de ses isotopes en tenant compte de l'abondance de chacun des isotopes.

3.2.3. Electronégativité selon Pauling :

L'électronégativité mesure la tendance d'un atome à attirer le nuage électronique dans sa direction lorsqu'il se lie avec un autre atome.

L'échelle de Pauling est une méthode largement utilisée pour ordonner les éléments selon leur électronégativité. Le prix nobel **Linus Pauling** a développé cette échelle en 1932 Les valeurs d'électronégativité ne sont pas données selon une formule mathématique ou une mesure. Il s'agit plutôt d'une échelle pragmatique.

Pauling a donné à l'élément avec la plus haute électronégativité, le fluor, la valeur de 4. On a donné au Francium l'élément avec l'électronégativité la plus basse la valeur de 0.7. Les valeurs des autres éléments se situent entre les deux.

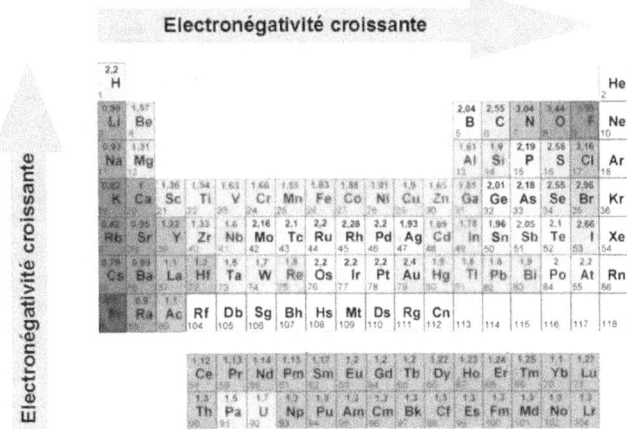

3.2.4. Densité :

La densité d'un élément indique le nombre d'unité de masse de l'élément qui est présent dans un certain volume. Traditionnellement, la densité est notée par la lettre grecque ρ (prononcée ro). Dans le système international d'unités la densité est exprimée en kilogrammes par mètre cube (**kg/m^3**). La densité d'un élément est en général exprimée en fonction de la température et de la pression car ces deux facteurs influencent la valeur de la densité.

3.2.5. Le point de fusion :

Le point de fusion d'un élément ou d'un composé est la température à laquelle l'état solide de l'élément ou composé considéré est en équilibre avec l'état liquide. Cette valeur est donnée pour une pression de 1 atmosphère.
Par exemple: le point de fusion de l'eau est 0 °C, ou 273 K.

3.2.6. Le point d'ébullition :

Le point d'ébullition d'un élément ou d'un composé est la température à laquelle l'état liquide est en équilibre avec l'état gazeux. Cette valeur est donnée pour une pression de 1 atmosphère.
Par exemple: le point d'ébullition de l'eau est 100 °C, ou 373 K.
Au point d'ébullition la pression de vapeur de l'élément ou du composé est de 1 atmosphère.

3.2.7. Rayon atomique r_a

On peut définir le rayon atomique comme étant la moitié de la distance entre les centres des deux atomes liés par une liaison simple.

- Sur une période : si Z augmente alors r_a diminue
- Sur une colonne : si Z augmente alors r_a augmente

3.2.8. Rayon de Van der Waals :

Même lorsque deux atomes proche l'un de l'autre ne se lient pas, ils s'attirent l'un de l'autre. Ce phénomène est appelé interaction de *Van der Waals*. Il est du aux forces de Van der Waals entre les deux atomes, ces forces devinent plus importantes lorsque ces atomes se rapprochent. Cependant lorsque ces atomes sont trop proche l'un de l'autre une force de répulsion rentre en jeu, cette force est du à la répulsion entre les électrons, chargés négativement, des deux atomes. Par conséquent entre les deux atomes il y a toujours une certaine distance appelée en général rayon de van der Waals. En comparant les rayons de Van der Waals de différentes paires d'atomes, un système permettant de déterminer le rayon de Van der Waals entre deux atomes par addition a été développé.

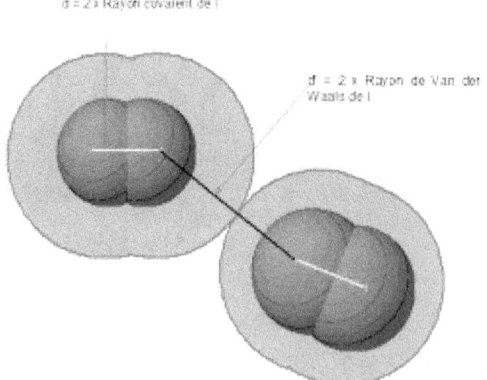

3.2.9. Rayon ionique :

Il s'agit du rayon d'un ion dans un cristal ionique, où les ions sont tassés ensemble jusqu'à ce que leurs orbitales les plus externes soient en contact. Une orbital correspond à la région de l'espace autour de l'atome où, selon la théorie des orbitales, la probabilité de trouver un électron est la plus importante.

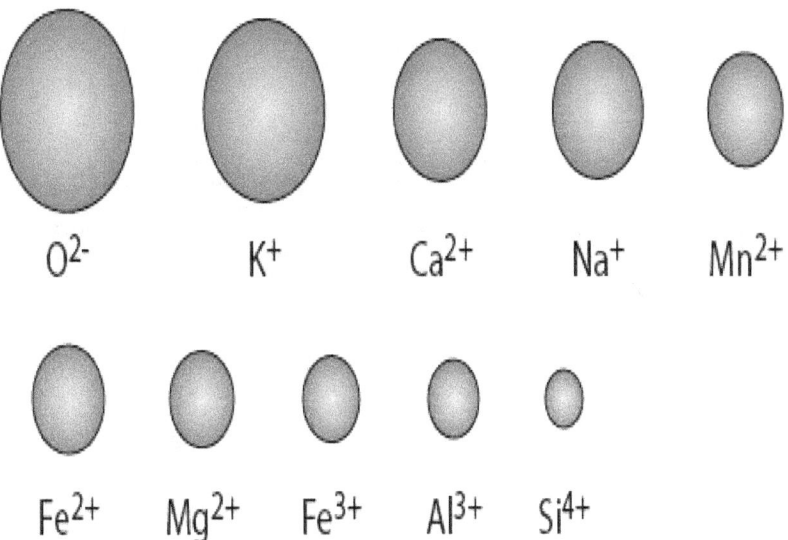

3.2.10. Energie de première ionisation :

L'énergie d'ionisation est l'énergie requise pour qu'un atome ou une molécule perde un électron. L'énergie de première ionisation est l'énergie minimale qu'il faut fournir pour extraire le premier électron de l'atome neutre à l'état fondamental.

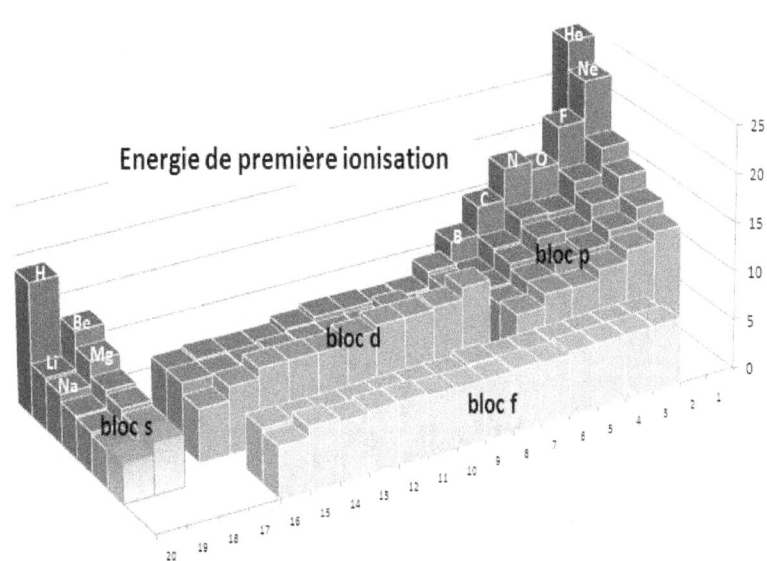

3.2.11. Energie de deuxième ionisation :

Après l'énergie de première ionisation qui indique la difficulté d'éliminer un premier électron d'un atome, on peut mesurer l'énergie de deuxième ionisation, cette énergie indique le degré de difficulté de l'extraction d'un second atome.

De même il y a l'énergie de troisième ionisation et parfois même l'énergie de 4ème et 5ème ionisation.

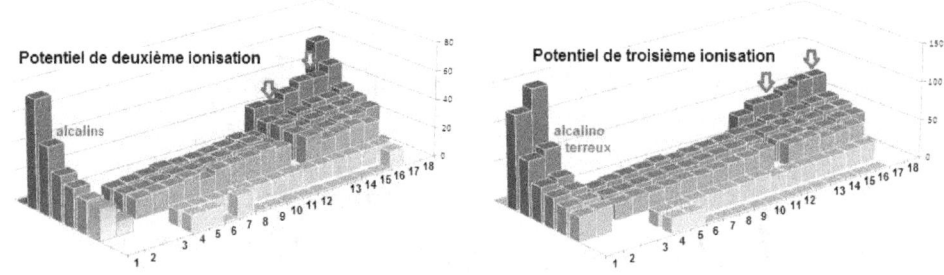

3.2.12. Affinité électronique (AE)

C'est le phénomène inverse de l'ionisation. L'affinité électronique d'un atome X est l'énergie dégagée lorsque cet atome capte un électron.

3.2.13. Potentiel standard :

Il s'agit du potentiel d'une réaction rédox, quand elle est à l'équilibre, par rapport à 0. Quand le potentiel standard est supérieur à 0, il s'agit d'une réaction d'oxydation, quand le potentiel est inférieur à 0, il s'agit d'une réaction de réduction. Le potentiel standard est exprimé en Volt (symbole V).

3.2.14. Valence

C'est la capacité de chaque atome à former une liaison. Sa valeur est égale au nombre d'électrons non appariés (célibataires).

Exemple :

- Hydrogène : $1s^1$; v = 1
- Oxygène : $2s^2\ 2p^4$; v = 2
- Potassium : $4s^1$, v = 1

3.3. Les grandes familles :

Le tableau comporte :

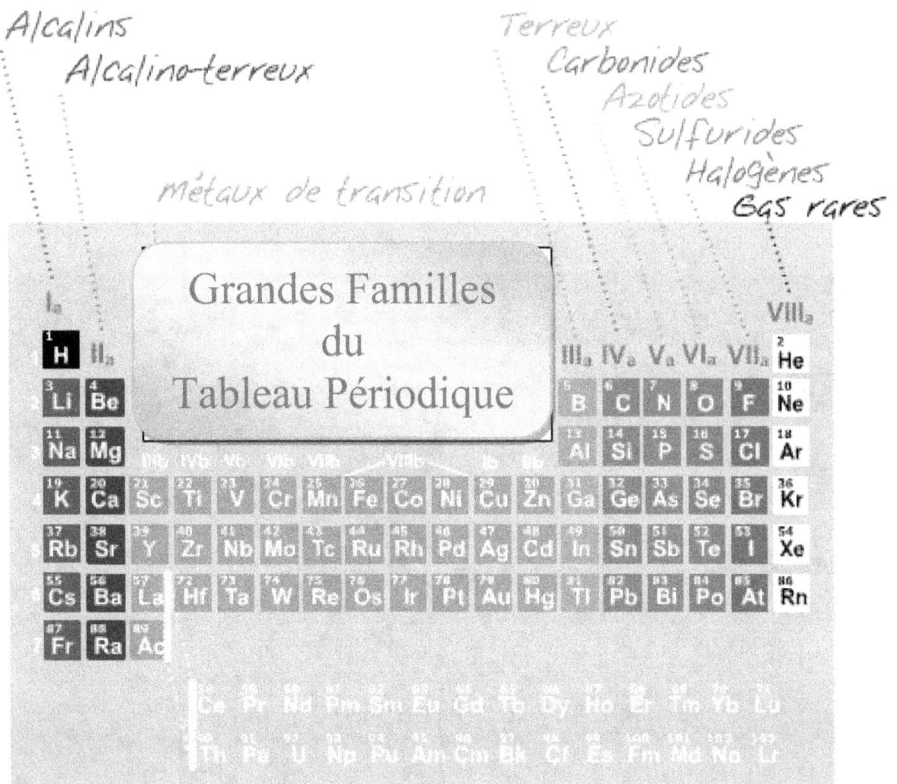

- ✓ 7 lignes appelées les 7 périodes.
- ✓ 18 colonnes appelées les familles et désignées de gauche à droite par un numéro de 1 à 18 ou par des chiffres romains suivis du symbole *a* ou *b*. La lettre *b* se réfère aux groupes des éléments de transition (éléments du centre du tableau).

✓ 126 éléments dont 90 naturels et 13 créés artificiellement et 23 qui ont étaient découvertes récemment, définis principalement par le symbole, le numéro atomique (Z) et la masse atomique de l'élément.

3.3.1. Les métaux

Les 126 éléments du tableau périodique sont classés en *3* catégories (métaux, métalloïdes et non métaux) selon leurs propriétés mais la plupart des éléments chimiques sont des métaux.

Non-métal

Les éléments non-métalliques sont des éléments qui ont un aspect terne (sans éclat), ne sont pas conducteurs de chaleur et d'électricité sont fréquemment des gaz ou des liquides.

Métalloïdes

Nom désignant des éléments intermédiaires entre les métaux et les gaz rares. Les métalloïdes sont difficiles à classer comme métal ou non-métal, ils sont à la frontière (ligne en escalier) qui sépare les métaux des non-métaux. Ils ressemblent aux non-métaux par certaines propriétés mais sont de faibles conducteurs d'électricité (semi-conducteur). Métalloïde signifie qui ressemble aux métaux.

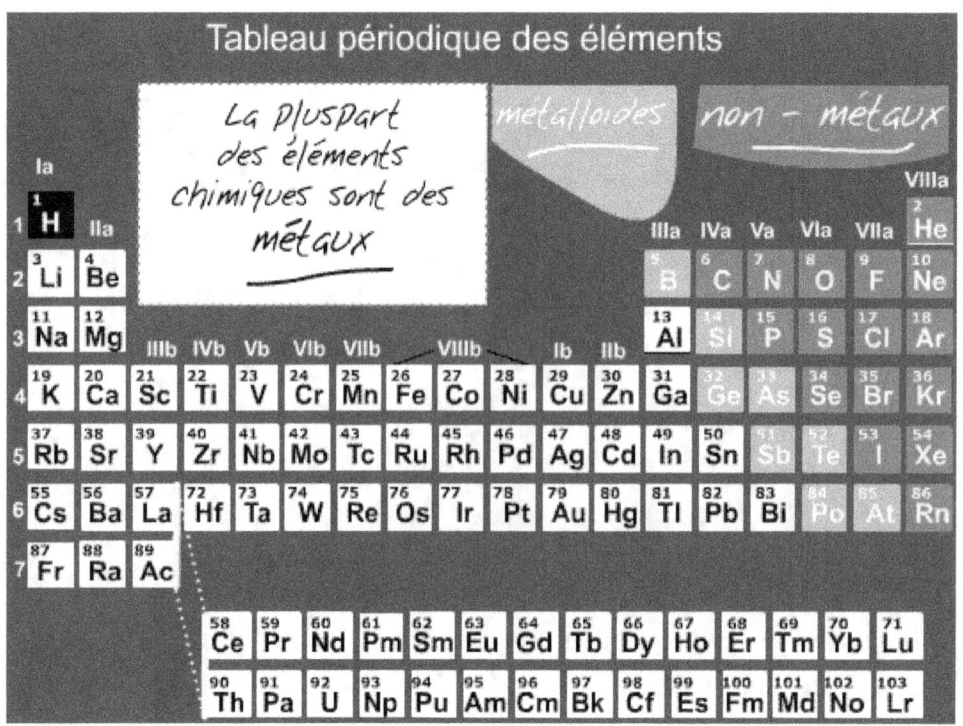

3.3.2. Alcalins

Situés à l'extrême gauche du tableau périodique, les alcalins

- sont tous des métaux,
- n'ont qu'1 électron de valence (famille IA)
- auront donc tendance à donner facilement cet électron pour saturer le niveau d'énergie et à former un cation de charge +1 : Li^+, Na^+, K^+, ...

Les alcalins doivent être conservés dans l'huile, car lorsqu'ils sont en contact avec l'eau ou l'air, ils réagissent violemment pour former une base hydroxylée ou alcaline.

Les alcalins sont souvent utilisés dans la médecine pour la fabrication des médicaments et pour la fabrication d'explosifs.

N.B. L'hydrogène (H), même s'il fait partie du groupe IA comme tous les éléments mentionnés plus haut, ne fait pas partie de la famille des alcalins, contrairement à ce qu'on peut penser. L'hydrogène peut être considéré comme un élément à part. C'est l'élément le plus léger : il n'est formé que d'un proton et d'un électron. C'est l'élément le plus commun dans l'univers.

3.3.3. Alcalino-terreux

- possèdent deux électrons de valence (famille II A)
- auront donc tendance à donner facilement deux électrons pour saturer le niveau d'énergie et à former un cation de charge +2 : Be^{2+}, Mg^{2+}, Ca^{2+}, ...

Ces éléments ne se trouvent jamais sous forme métallique libre dans la nature, car, comme les alcalins, ils sont très réactifs et réagissent aisément avec de nombreux non-m.

3.3.4. Terreux

Cette famille est aussi connue sous le nom de "famille du bore".

Les éléments de la famille du bore : comptent 3 électrons de valence (famille IIIA), auront donc tendance à donner facilement trois électrons pour saturer le niveau d'énergie et à former un cation de charge +3 : B^{3+}, Al^{3+}, ...

Le digne représentant de cette famille (du moins, celui qui lui donne son nom) est un élément appartenant aux métalloïdes; les 4 autres sont des métaux.

3.3.5. Carbonides

Cette famille, appelée aussi "famille du carbone", sort vraiment de l'ordinaire par rapport aux autres familles du tableau périodique. Ses membres possèdent tous :

- 4 électrons de valence (famille IVA)
- donc ils peuvent en céder ou en attirer pour se saturer et former respectivement un cation de charge +4 ou un anion de charge -4.

Le carbone (C), le silicium (Si) et le germanium (Ge) sont des métalloïdes.

L'étain (Sn) et le plomb (Pb) sont des **métaux**.

3.3.6. Azotides

- possèdent 5 électrons de valence (famille VA)
- auront donc tendance à attirer 3 électrons pour obéir à la règle de l'octet et à former un anion de charge -3 : N^{3-}, P^{3-}, ...

Les éléments les plus importants sont certainement l'azote et le phosphore, éléments essentiels à la vie des animaux et des végétaux et dont nombreux de leurs composés ont des applications importantes.

3.3.7. Sulfurides

- possèdent 6 électrons de valence (famille VIA)
- auront donc tendance à attirer 2 électrons pour obéir à la règle de l'octet et à former un anion de charge -2 : O^{2-}, S^{2-}, ...

Les sulfurides prennent donc volontiers 2 électrons à ceux qui s'y risquent. Ils font des liens ioniques avec les autres familles de la région des métaux, aussi bien que des liens covalents avec nos semblables, les non-métaux.

3.3.8. Halogènes.

- ont tous 7 électrons de valence, (famille VIIA)
- ont donc tendance à attirer 1 électron pour obéir à la règle de l'octet et à former un anion de charge -1 : F^{1-}, Cl^{1-}, ...

Les halogènes ne se laissent pas marcher sur les pieds. Ils n'hésitent pas à s'emparer de l'électron qui leur manque. C'est pour cela qu'ils sont reconnus comme étant la famille la plus avare du tableau périodique.

3.3.9. Gaz rares (ou inertes).

- ont 8 électrons de valence, sauf l'hélium, ils possèdent dons une structure bien stable (8 électrons sur la couche de valence) et ils n'ont pas l'aptitude à donner ou à recevoir des électrons.

Il y a quelques années, les gaz rares étaient appelés gaz inertes à cause de leur inertie chimique. Mais on sait maintenant qu'ils peuvent néanmoins réagir avec d'autres gaz.

Ce sont les seuls gaz monoatomiques, tous les autres gaz ont des molécules diatomiques c'est-à-dire qu'il y a deux atomes d'un même élément qui composent la molécule.

La source des gaz rares est l'air.

3.3.10. Métaux de transition

Tous les membres de cette famille :

- sont des métaux
- n'obéissent pas à la règle de l'octet. En effet, ils peuvent accueillir plus de 8 électrons sur leur couche de valence. Certains d'entre eux peuvent même en accueillir jusqu'à 18 ! Cela rend parfois difficiles les interactions avec les éléments des autres familles.

Ils ont aussi, pour la plupart, tendance à s'unir entre eux, ou encore avec des composés d'autres familles pour former ce que l'on appelle des alliages.

3.4. Périodes.

- Le tableau périodique contient 7 périodes (7 lignes horizontales)
- Le numéro de la période correspond aux nombres de couches électroniques occupées.

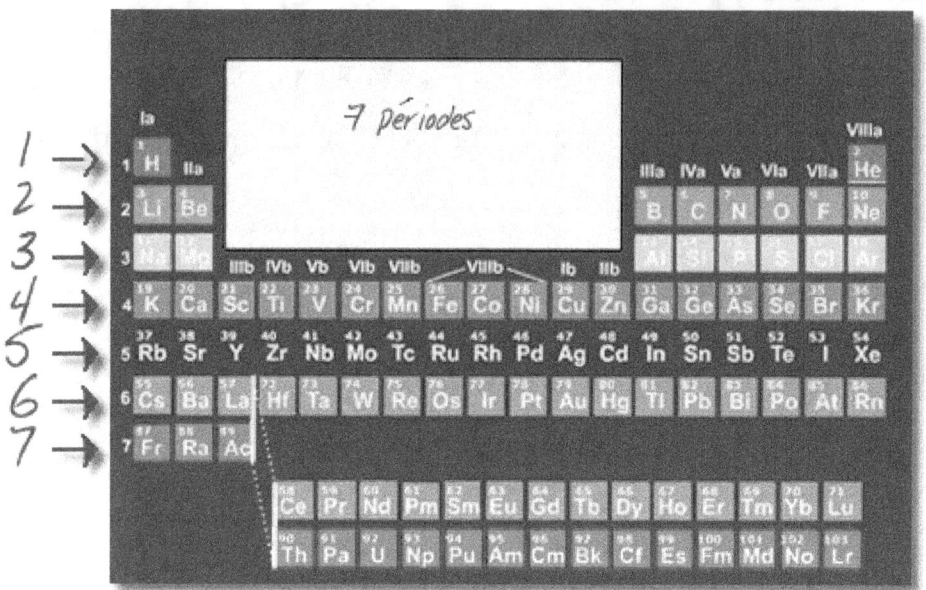

3.5. Intérêt de la classification périodique :

3.5.1. Propriétés et place dans la classification :

Les propriétés chimiques d'un élément sont liées à sa structure électronique externe.
La structure électronique externe détermine à la fois les propriétés chimiques et la place dans la classification.
Il y a une relation entre la place dans la classification et les propriétés chimiques.

3.5.2. Ions monoatomiques

Les atomes situés dans les colonnes **1**, **2**, **3** de la classification restreinte ont **1**, **2**, **3** électrons sur leur couche électronique externe.
Ils peuvent les perdre pour donner des cations portant **1**, **2**, **3** charges élémentaires.
Exemples : **Ca^{2+}**, **Mg^{2+}**, **Al^{3+}**,

| CHARGE USUELLE → | 1+ | 2+ | CHARGE VARIABLE | 3+ | 4+/4- | 3- | 2- | 1- | 0 |

Numéro de groupe →	1	2	3-12	13	14	15	16	17	18
	1 H								2 He
	3 Li	4 Be		5 B	6 C	7 N	8 O	9 F	10 Ne
	11 Na	12 Mg		13 Al	14 Si	15 P	16 S	17 Cl	18 Ar
	19 K	20 Ca	21 Sc 22 Ti 23 V 24 Cr 25 Mn 26 Fe 27 Co 28 Ni 29 Cu 30 Zn	31 Ga	32 Ge	33 As	34 Se	35 Br	36 Kr
	37 Rb	38 Sr	39 Y 40 Zr 41 Nb 42 Mo 43 Tc 44 Ru 45 Rh 46 Pd 47 Ag 48 Cd	49 In	50 Sn	51 Sb	52 Te	53 I	54 Xe
	55 Cs	56 Ba	72 Hf 73 Ta 74 W 75 Re 76 Os 77 Ir 78 Pt 79 Au 80 Hg	81 Tl	82 Pb	83 Bi	84 Po	85 At	86 Rn
	87 Fr	88 Ra	104 Rf 105 Db 106 Sg 107 Bh 108 Hs 109 Mt 110 Ds 111 Rg 112 Cn	113 Uut	114 Fl	115 Uup	116 Lv	117 Uus	118 Uuo

3.5.3. Molécules

Les atomes situés dans les colonnes **4, 5, 6, 7** de la classification périodique restreinte ont **4, 5, 6, 7** électrons sur leur couche électronique externe.

Ils peuvent participer à **4, 3, 2, 1** liaisons covalentes pour obtenir 8 électrons sur leur couche électronique externe.

Le nombre de liaisons établies dans une molécule est le même pour tous les atomes d'une famille :

Pour la famille des halogènes, on retrouve les molécules suivantes : **HF ; HCl ; HBr ; HI**.

Pour l'oxygène et le soufre H_2O ; H_2S.

Et pour l'azote et le phosphore : NH_3 ; PH_3

4. Liaison chimique

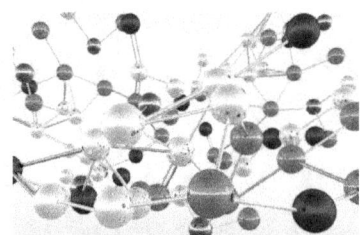

4.1. Liaisons chimiques fortes

4.1.1. Liaison covalente

En chimie, une *liaison covalente* est une liaison chimique dans laquelle chacun des atomes liés met en commun un électron d'une de ses couches externes afin de former un doublet d'électrons liant les deux atomes. C'est une des forces qui produit l'attraction mutuelle entre atomes.

La liaison covalente se produit le plus fréquemment entre des atomes d'électronégativités semblables, il doit y avoir une différence d'électronégativité inférieure à 1,7 sur l'échelle de Pauling.

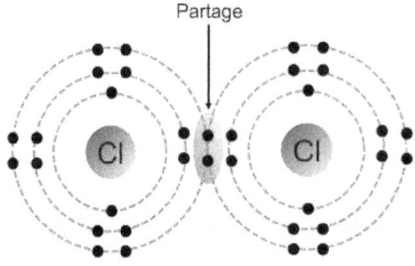

4.1.2. Liaison covalente polaire

La liaison covalente polaire est par nature un type intermédiaire de liaison entre la liaison covalente et la liaison ionique. Dans des théories plus avancées, on considère que toutes les liaisons sont de ce type.

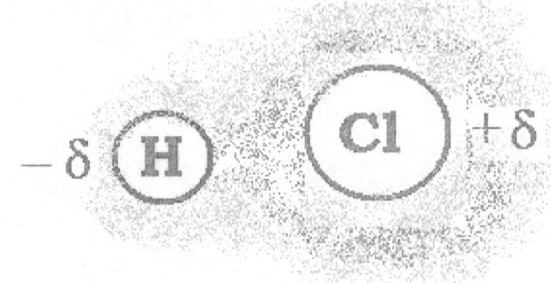

4.1.3. Liaison covalente dative

Résulte de la mise en commun d'une paire d'électrons (covalente) entre 2 atomes d'électronégativité différente. L'atome le plus moins électronégatif donne une paire d'électrons (dative).

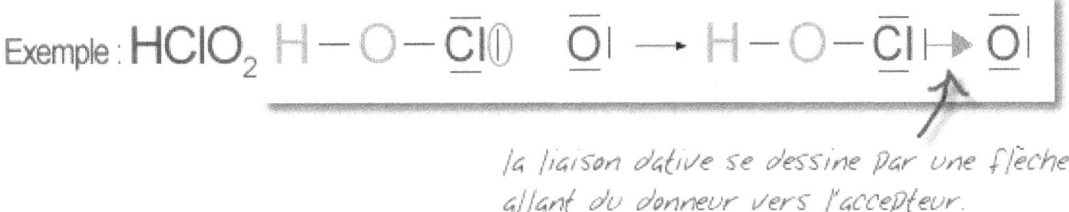

la liaison dative se dessine par une flèche allant du donneur vers l'accepteur.

4.1.4. Liaison ionique

Une ***liaison ionique*** (ou ***liaison électrovalente***) est un type de liaison chimique qui peut être formé par une paire d'atomes possédant une grande différence d'électronégativité, il doit y avoir une différence d'EN supérieur à 1,6 sur l'échelle de Pauling.

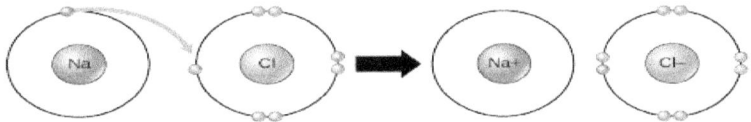

4. 2. Liaisons intermoléculaires

4.2.1. Liaison hydrogène

La liaison hydrogène ou pont hydrogène est une liaison de faible intensité qui relie les molécules. Elle implique un atome d'hydrogène et un atome assez électronégatif (comme l'oxygène par exemple).

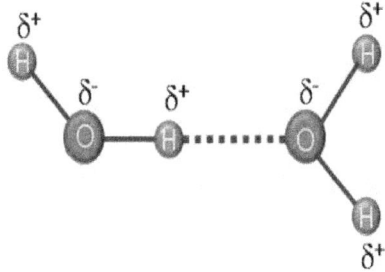

4.2.2. Forces de Van der Waals

La liaison de Van der Waals est une interaction de faible intensité entre atomes, molécules, ou une molécule et un cristal. Elle est due aux interactions entre les moments dipolaires électriques des deux atomes mis en jeu. Aucun électron n'est mis en commun entre les deux atomes.

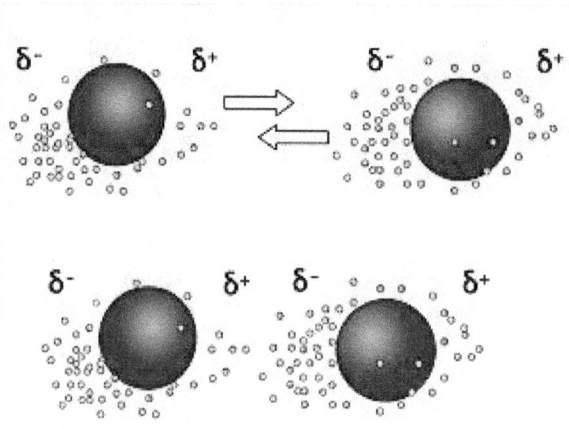

4.3. Moment dipolaire

4.3.1. Définition

On appelle dipôle, le système formé de deux charges égales mais de signe opposé séparées par une distance d. Un dipôle est caractérisé par son moment dipolaire électrique µ tel que :

$$\|\vec{\mu}\| = q.d = \mu$$

µ s'exprime en Coulomb. Mètre (C.m). Cette grandeur s'exprime aussi souvent en Debye :
1 Debye = $0{,}33.10^{-29}$ C.m.

Le moment dipolaire est une grandeur qui se mesure expérimentalement. ***L'existence d'un moment dipolaire dans une molécule a son origine dans la différence d'électronégativité entre atomes***. Nous avons vu que la densité électronique est plus élevée au voisinage de l'atome le plus électronégatif. Ceci entraîne une dissymétrie dans la répartition des électrons de liaison. ***On dit que la molécule est polaire*** car le barycentre des charges positives n'est plus confondu avec le barycentre des charges négatives. La molécule est donc assimilable à un dipôle.

La molécule H—Cl possède un moment dipolaire électrique non nul. En phase gazeuse on mesure expérimentalement µ = 1.08 Debye pour cette molécule.

Par convention, le vecteur moment dipolaire expérimental est orienté de la charge négative vers la charge positive (**NB** : Cette convention peut être inversée dans certains livres de chimie). Les notations +δ et -δ représentent des charges partielles; c'est, bien sûr, l'atome le plus électronégatif qui porte la charge partielle négative.

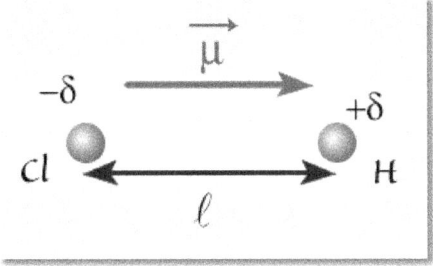

4.3.2. Moments de liaison

Pour les molécules qui possèdent plus de deux atomes, on peut, lorsqu'il n'est pas nul, mesurer un moment dipolaire expérimental. Cette grandeur est la mesure du moment dipolaire global de cette molécule. Les chimistes ont été amenés à définir des moments *dipolaires de liaison*, en considérant que le moment dipolaire total d'une molécule peut être calculé avec une bonne approximation comme la *somme vectorielle de moments de liaisons. Les valeurs de ces moments dipolaires de liaisons sont assimilées au moment dipolaire d'une molécule diatomique*. Nous indiquons ci-dessous les valeurs de quelques moments de liaison.

Applications :

- considérons la molécule d'eau : H$_2$O. La structure de Lewis de cette molécule est la suivante.

$$H - \overline{\overline{O}} - H$$

Cette molécule possède un moment dipolaire non nul. On a : µ$_{exp}$ = 1,84 Debyes. Ce résultat nous donne une information sur la géométrie de cette molécule. La molécule d'eau n'est pas linéaire, l'angle HÔH est différent de 180° car, si cette molécule était linéaire, son moment dipolaire serait nul. Calculons la valeur de l'angle HÔH.

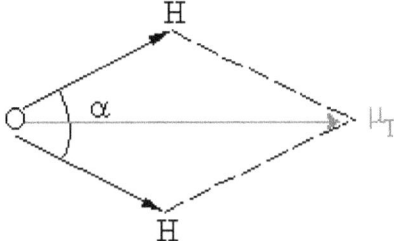

-Soit α la valeur de l'angle HÔH. Le moment dipolaire total peut se calculer à partir du moment de liaison µOH (voir tableau ci-dessus).

On peut écrire :

$$\mu_T = 2\,\mu_{OH}\cos(\alpha/2) = 2 \times 1{,}51\cdot\cos(\alpha/2) = 1{,}84 \text{ Debyes} \quad \text{d'où } \alpha \approx 105°$$

5. Exercices et Solutions

5.1. Exercice 01

Les niveaux d'énergie de l'atome d'hydrogène sont donnés par la relation : $E_n = \dfrac{-13.6}{n^2}$ (en eV).

1. Calculer les valeurs correspondant aux 4 niveaux d'énergie les plus bas.
2. Placer les niveaux sur le diagramme ci-contre.
3. Quel est le niveau fondamental ?
4. On considère la transition du niveau 3 vers le niveau 2.
a. Représenter cette transition sur le diagramme. S'agit-il d'une radiation émise ou absorbée ?
b. Calculer la longueur d'onde correspondant à cette transition.
c. A quel domaine de la lumière appartient la radiation correspondante ?
5. L'atome absorbe un photon de longueur d'onde λ = 121,7nm.
a. Quelle transition entraîne cette absorption ?
b. Représenter cette transition sur le diagramme.

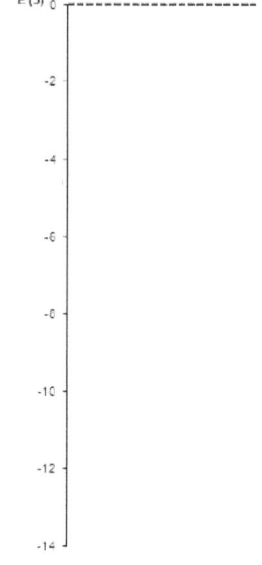

Données : *$h = 6{,}62 \times 10^{-34}$ J.s, $c = 3{,}00 \times 10^{8}$ m.s^{-1}*
1eV correspond à $1{,}60 \times 10^{-19}$ J,   1nm correspond à 10^{-9}m

Correction 01

1. Calculer les valeurs correspondant aux 4 niveaux d'énergie les plus bas.

$E_1 = -13{,}6$ eV ; $E_2 = -3{,}40$ eV ; $E_3 = -1{,}51$ eV ; $E_4 = -0{,}85$ eV

2. Placer les niveaux sur le diagramme ci-contre.

3. Quel est le niveau fondamental ?

Niveau fondamental : E_1

4. On considère la transition du niveau 3 vers le niveau 2.

a. Représenter cette transition sur le diagramme. S'agit-il d'une radiation émise ou absorbée ? Radiation émise.

b. Calculer la longueur d'onde correspondant à cette transition.

$\Delta E = E_2 - E_3$

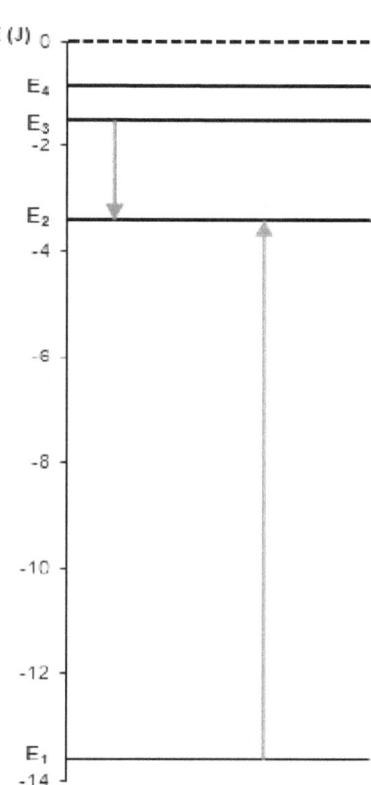

A.N. ΔE = - 1,89 eV

Conversion en Joule : ΔE = - 3,02×10⁻¹⁹ J

Rq : ΔE < 0 ; il s'agit bien d'une émission d'énergie.

D'après la relation de Planck-Einstein : $\Delta E = \dfrac{h.c}{\lambda}$ soit $\lambda = \dfrac{h.c}{\Delta E}$

A.N. λ = 657 nm

c. A quel domaine de la lumière appartient la radiation correspondante ?

Il s'agit d'une radiation rouge du domaine du visible.

5. L'atome absorbe un photon de longueur d'onde λ = 121,7 nm.

a. Quelle transition entraîne cette absorption ? Calcul de l'énergie correspondante :

$\Delta E = \dfrac{h.c}{\lambda}$ Soit ΔE = 10,2 eV

La seule transition possible donnant cette énergie est du niveau 1 vers le niveau 2 :

ΔE = - 3,40 + 13,6 = 10,2eV.

b. Représenter cette transition sur le diagramme.

5.2. Exercice 02

Parmi les structures électroniques suivantes, quelles sont celles qui ne respectent pas les règles de remplissages. Expliquer.

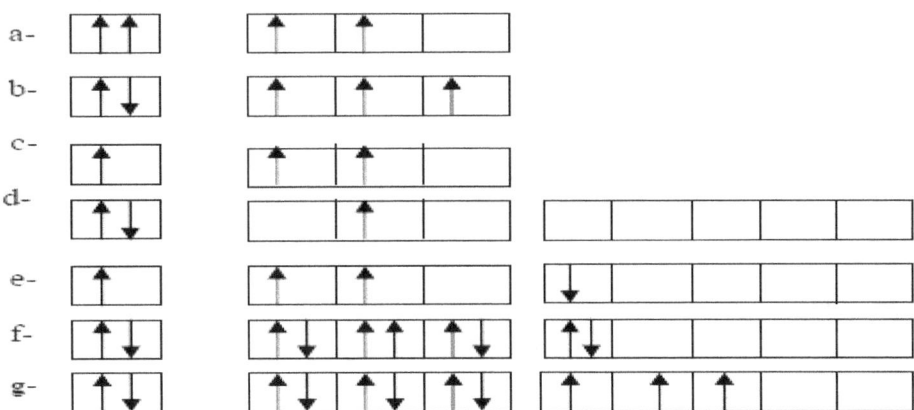

Correction 02

a- Orbitale s, une case deux électrons parallèles (anti Pauli)

c- Orbitale s, un électron au lieu de deux électrons (anti Klechkowski)

d- Orbitale p, la 1ère case vide et 2ème rempli (anti Klechkowski)

e- Orbitale s, p et d, (anti Klechkowski)

f- Orbitale d, (anti Hund)

5.3. Exercice 03

On considère deux éléments de la quatrième période dont la structure électronique externe comporte trois électrons célibataires.

1. Ecrire les structures électroniques complètes de chacun de ces éléments et déterminer leur numéro atomique.

2. En justifiant votre réponse, déterminer le numéro atomique et donner la configuration électronique de l'élément situé dans la même période que le fer ($Z = 26$) et appartenant à la même famille que le carbone ($Z = 6$).

Correction 03

1. Les deux éléments sont le vanadium et l'arsenic.

Le vanadium **V** : $1s^2\ 2s^2\ 2p^6\ 3s^2\ 3p^6\ \mathbf{4s^2\ 3d^3}$ d'après la règle de Klechkowski

: $1s^2\ 2s^2\ 2p^6\ 3s^2\ 3p^6\ \mathbf{3d^3\ 4s^2}$ d'après la disposition spatiale

Le numéro atomique est : **Z = 23**

Remarque : *En ne respectant pas la règle de Klechkowski, la structure serait la suivante : $1s^2\ 2s^2\ 2p^6\ 3s^2\ 3p^6\ 3d^5$. Cette structure est inexacte.*

Il faudra donc respecter la règle de Klechkowski pour avoir la structure électronique existante. Cela peut s'expliquer qu'avant remplissage, le niveau de l'orbitale 4s est légèrement inférieur que celui des orbitales atomiques 3d, et qu'après remplissage, ce niveau 4s devient supérieur au niveau 3d.

L'arsenic **As** : $1s^2\ 2s^2\ 2p^6\ 3s^2\ 3p^6\ \mathbf{4s^2}\ 3d^{10}\ \mathbf{4p^3}$ d'après la règle de Klechkowski

: $1s^2\ 2s^2\ 2p^6\ 3s^2\ 3p^6\ 3d^{10}\ \mathbf{4s^2\ 4p^3}$ d'après la disposition spatiale

Le numéro atomique est **Z = 33**

2- Structure électronique du fer Fe (Z=26) : [Ar] $\mathbf{3d^6\ 4s^2}$; Le fer appartient à la 4ème période **n= 4**

Structure électronique du carbone C (Z=6) $1s^2\ \mathbf{2s^2\ 2p^2}$

Le carbone appartient à la famille de structure électronique de couche de valence de type $\mathbf{ns^2\ np^2}$.

Donc la structure électronique du germanium est : **Ge [Ar] $3d^{10}\ 4s^2\ 4p^2$**

5.4. Exercice 04

1. Donner la notation de Lewis des molécules et ions suivants :

H_2 ; Cl_2 ; H_2O ; H_3O^+ ; NH_3 ; NH_4^+ ; CH_4 ; C_2H_6 ; SF_4 ; SF_6 ; PCl_3 ; PCl_5 ; NCl_3

2. Quels sont parmi ces composés ceux qui ne respectent pas la règle de l'Octet ?

3. En se basant sur les structures électroniques des atomes de soufre et de phosphore, expliquer la formation des molécules SF_6 et PCl_5.

4. Prévoyez les différentes valences possibles du phosphore. Les deux chlorures PCl_3 et PCl_5 existent. Expliquer pourquoi on ne connait que le composé NCl_3 alors que le composé NCl_5 n'existe pas.

Correction 04

1. Notation de Lewis des molécules et ions suivants :

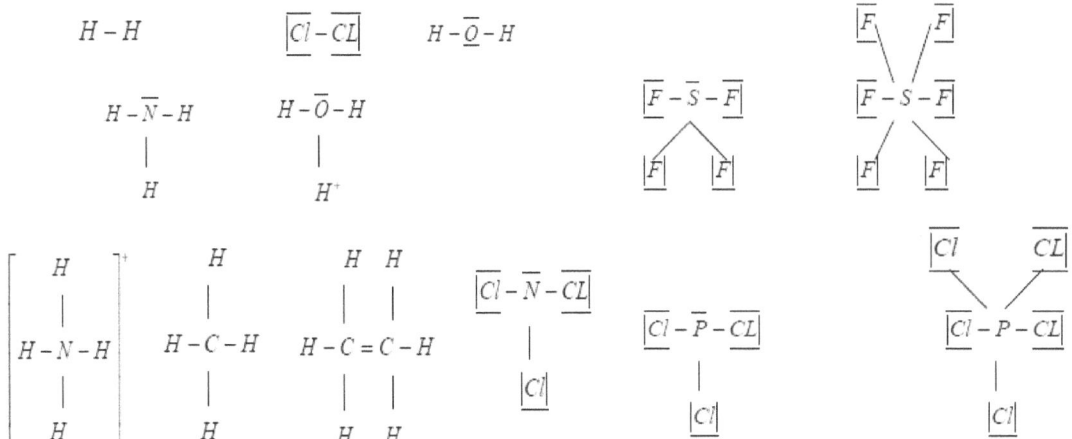

2. Règle de l'Octet : Les atomes caractérisés par Z > 4 tendent à posséder 8 électrons sur leur couche périphérique afin d'acquérir un état stable.

Limite du modèle de l'octet

- ✓ La règle de l'octet ne s'applique strictement qu'aux atomes C, N, O et F de la 2ème période du tableau périodique.
- ✓ Ces atomes ne peuvent posséder que huit électrons au maximum sur leur couche périphérique (couche de valence).
- ✓ Par contre, un atome peut posséder
    - ❖ soit moins de huit électrons autour de lui : c'est le cas du bore

Exemple : H_3BO_3

    - ❖ soit plus que huit électrons sur sa couche M (troisième période) : c'est le cas du phosphore.

Exemple : PCl_5

$\quad\quad\quad\quad$ B : $1s^2\ 2s^2\ 2p^1$ $\quad\quad\quad\quad$ B*(état excité) : $1s^2\ 2s^1\ 2p^2$

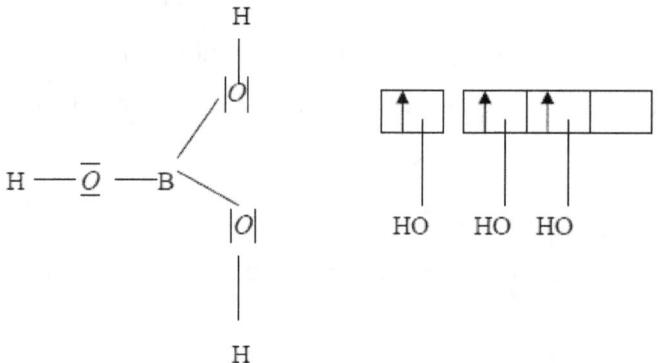

Les composés qui ne respectent pas la règle de l'Octet sont : **SF$_4$; SF$_6$; PCl$_5$**

3. Formation des molécules **SF$_6$ et PCl$_5$.**

S (Z = 16) : 1s^2 2s^2 2p^6 **3s^2 3p^4 3d^0**   S*(Z = 16) : 1s^2 2s^2 2p^6 **3s^1 3p^3 3d^2**

6 électrons célibataires

P (Z = 15) : 1s^2 2s^2 2p^6 **3s^2 3p^3 3d0**   P*(Z = 15) : 1s^2 2s^2 2p^6 **3s^1 3p^3 3d^1**

5 électrons célibataires

Le soufre et le phosphore sont des atomes de la 3e période. Ils peuvent donc loger plus de 8 électrons en utilisant les orbitales atomiques 3d.

4. Dans l'azote et le phosphore, les électrons externes sont au nombre de 5 dont 3 électrons célibataires ; d'où l'existence de NCl$_3$ et de PCl$_3$.

La formation de PCl$_5$ fait intervenir 5 électrons célibataires qui se répartissent dans les sous couches 3s, 3p et 3d. Par contre, dans la couche externe de l'azote (n = 2 ; couche L) la sous couche d n'existe pas.

5.5. Exercice 05

Dans la molécule d'eau, l'angle HÔH a pour valeur experimentale 105°.

1. Calculer le moment dipolaire de cette molécule, en considérant qu'il est égal à la somme vectorielle des moments dipolaires des deux liaisons O-H.

2. Calculer le pourcentage ionique de la liaison O-H dans H$_2$O.

On donne μ(O-H) = 1,51D et d(O-H) = 0,96 Å.

Correction 05

1. Moment dipolaire de la molécule H$_2$O :

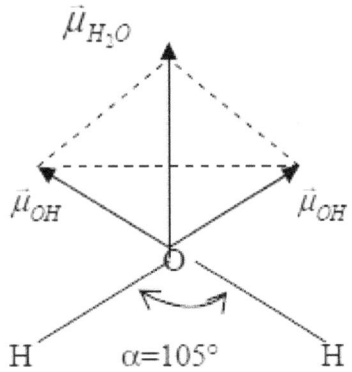

L'oxygène étant plus électronégatif que l'hydrogène, la liaison O-H est polarisé.

Il existe donc un moment dipolaire $\vec{\mu}_{OH}$ ayant pour direction chaque liaison O-H, le sens étant par convention dirigé des charges positives vers les charges négatives.

En faisant la somme des deux vecteurs $\vec{\mu}_{OH}$, on obtient le moment dipolaire $\vec{\mu}_{H_2O}$ de la molécule qui est dirigé suivant la bissectrice de l'angle HÔH.

$$\vec{\mu}_{H_2O} = 2\,\vec{\mu}_{OH}$$

$$\mu_{H_2O} = 2\,\mu_{OH}.\cos\left(\frac{\alpha}{2}\right) = 2.1{,}51\cos\left(\frac{105}{2}\right) = 1{,}84\ Debye$$

2. Pourcentage ionique de la liaison O-H dans H$_2$O.

Le pourcentage ionique = (μ expérimental/μ théorique).100%

Le moment dipolaire théorique : **μ** = δ.e.d. 4,8 (en Debye) avec δ = 1

μ O-H = 1,51D et dO-H = 0,96 Å.

% ionique = [1,51/(1. 0,96 .4,8)] .100 = 32,8

La liaison est de 33% ionique.

Chapitre 2

MOLECULES ORGANIQUE

1. Théorie VSEPR de Gillespie (Valence Shell Electronic Pair Repulsion)

1.1. Supposition

La méthode **VSEPR** est fondée sur un certain nombre de suppositions, notamment concernant la nature des liaisons entre atomes :
- Les atomes dans une molécule sont liés par des paires d'électrons.
- Deux atomes peuvent être liés par plus d'une paire d'électrons. On parle alors de liaisons multiples.
- Certains atomes peuvent aussi posséder des paires d'électrons qui ne sont pas impliqués dans une liaison. On parle de *doublets non liants.*
- Les électrons composant ces doublets liants ou non liants exercent les uns sur les autres des forces électriques répulsives. Les doublets sont donc disposés autour de chaque atome de façon à minimiser les valeurs de ces forces.
- Les doublets non liants occupent plus de place que les doublets liants.
- Les liaisons multiples prennent plus de place que les liaisons simples.

1.2. Notations

On notera l'atome central de la molécule étudié **A**. Le nombre de doublets liants, c'est-à-dire le nombre de paires d'électrons liant l'atome central **A** aux autres atomes **X** de la molécule sera noté **n**.

Remarque : En ce qui concerne la géométrie de la molécule une liaison multiple est assimilable à une liaison simple c'est à dire que **n** est plus simplement égal au nombre d'atomes liés à **A**.

Les doublets non liants, c'est-à-dire les paires d'électrons appartenant à l'atome central **A** et n'étant pas impliqués dans des liaisons seront notés **E**. Le nombre de doublets non liants sera noté **m**.

Les molécules simples, dont la géométrie est facilement définissable grâce à la méthode VSEPR sont donc de la forme : AX_nE_m

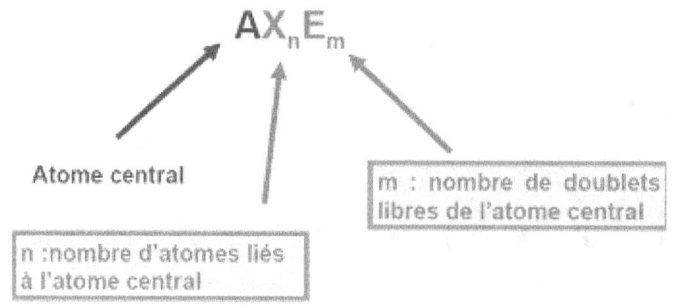

1.3. Méthode AXE

m + n	Figure géométrique
2	Segment de droite
3	Triangle
4	Tétraèdre
5	Bipyramide trigonale
6	Octaèdre

Orbitales hybrides	Géométrie	type de molécule
sp	linéaire	AX_2 (ex : $BeCl_2$)
sp^2	trigonale	AX_3 (ex : BCl_3, <u>graphite</u>)
sp^3	tétraèdrique	AX_4 (ex : <u>CH_4</u>)
sp^3d	bipyramide trigonale	AX_5 (ex : PCl_5)
sp^3d^2	octaèdrique	AX_6 (ex : SF_6); AX_5E (ex: ClF_5)
dsp^2	plan-carré	(ex : complexe du cuivre)

2. Hybridation des orbitales atomiques

En chimie, l'hybridation des orbitales atomiques est le mélange des orbitales atomiques d'un atome appartenant à la même couche électronique de manière à former de nouvelles orbitales qui permettent mieux de décrire qualitativement les liaisons entre atomes. L'hybridation des orbitaux atomiques faits partie intégrante de la théorie VSEPR.

2.1. Hybridation sp^3

Hybridation *sp^3*

Nombre d'atomes liés + le nombre de doublets libres = 4

La molécule de méthane, CH$_4$: $_6$C : 1s^{2}2s^{2}2p^2.

La présence de deux électrons non appariés dans la sous-couche 2p de l'atome de carbone ne permet pas de comprendre la tétravalence du carbone dans le méthane.

Etant donné que les sous-couches (orbitales atomiques) 2s et 2p de l'atome de l'élément carbone sont très proches en énergie on va, dans la théorie de la liaison de valence, les *hybrider*, c'est à dire les *mélanger*, afin de *créer de nouvelles espèces*, qu'on appellera *orbitales atomiques hybrides de l'atome central*. $_6$C : 1s^{2}2s^{1}2p^3

1 orbitale atomique 2s + 3 orbitales atomiques 2p $\longrightarrow$ *4 orbitales atomiques hybrides sp^3*

> Molécule de méthane, CH$_4$.
>
> 4 orbitales moléculaires (liaisons chimiques) de type σ, entre une orbitale atomique hybride sp^3 et une orbitale atomique 1s, à chaque fois.
>
> Fusion axiale.

2.2. Hybridation sp²

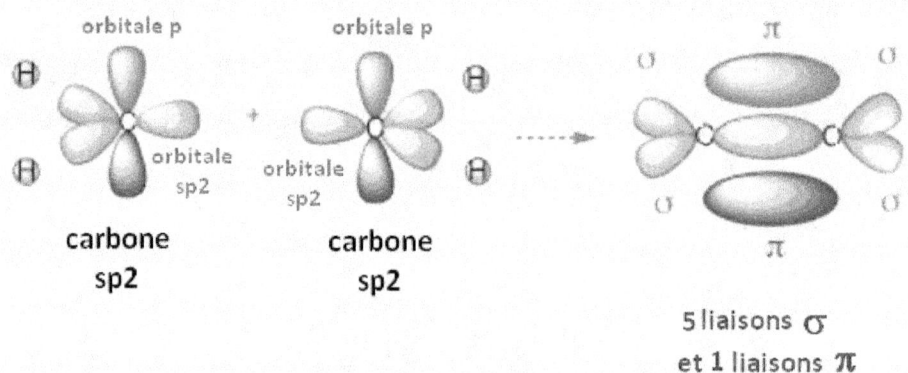

La molécule d'éthylène C₂H₄

$_6C : 1s^2 2s^2 2p^2 \Rightarrow 1s^2 2s^1 2p^3$

A partir de là on hybride les orbitales atomiques suivantes de l'atome de carbone: 2s, 2p$_x$ et 2p$_y$. On laisse volontairement, et arbitrairement, l'orbitale 2p$_z$ non hybridée.

1 orbitale atomique 2s + 2 orbitales atomiques 2p → 3 orbitales atomiques hybrides sp²

Molécule d'éthylène, C₂H₄.
4 orbitales moléculaires (liaisons chimiques) de type σ, entre, à chaque fois, une orbitale atomique hybride sp² et une orbitale atomique 1s. Fusion axiale.
1 orbitale moléculaire (liaison chimique) de type σ, entre deux orbitales atomiques hybrides sp². Fusion axiale.
1 orbitale moléculaire (liaison chimique) de type π, entre deux orbitales atomiques 2p. Fusion latérale.

2.3. Hybridation sp

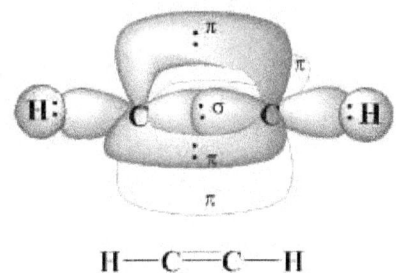

La molécule d'acétylène C_2H_2.

On laisse donc de côté, pour chaque atome de carbone, deux orbitales atomiques, les orbitales atomiques $2p_x$ et $2p_z$.

1 orbitale atomique 2s + 1 orbitale atomique 2p $\rightarrow$ 2 orbitales atomiques hybrides sp.

Molécule d'acétylène, C_2H_2.
2 orbitales moléculaires (liaisons chimiques) de type σ, entre une orbitale atomique hybride sp et une orbitale atomique 1s, à chaque fois. Fusion axiale.
1 orbitale moléculaire de type σ, entre deux orbitales hybrides sp. Fusion axiale.
2 orbitales moléculaires (liaisons chimiques) de type π, entre deux orbitales atomiques 2p, prises deux à deux à chaque fois. Fusion latérale.

2.4. Hybridation dsp^3

VSEPR	Hybridation de l'atome A	Formes géométriques engendrées par les P orbitales hybrides	Représentation des P orbitales hybrides
2	sp	Linéaire	
3	sp^2	Triangle équilatéral	
4	sp^3	Tétraédrique	
	dsp^2	Plan carré	
5	dsp^3	Biprisme trigonal	
6	d^{2}sp^3 ou sp^{3}d^2	Octaèdre	

La molécule de pentachlorure de phosphore, PCl_5.

Le phosphore P (Z = 15) a la structure électronique suivante, pris dans son état fondamental: [Ne] $3s^2 3p^3$.

Le chlore Cl (Z = 17) a la structure électronique suivante, pris dans son état fondamental: [Ne] $3s^2 3p^5$

On aura alors comme structure électronique de l'atome de phosphore la structure suivante: [Ne] $3s^1 3p^3 3d^1$

1 orbitale 3s + 3 orbitales 3p + 1 orbitale 3d $\rightarrow$ 5 orbitales atomiques hybrides dsp

> Molécule de pentachlorure de phosphore, PCl_5.
>
> 5 orbitales moléculaires (liaisons chimiques) de type σ, entre une orbitale atomique hybride dsp^3 et une orbitale atomique 3p.
>
> Fusion axiale.

2.5. Hybridation d^2sp^3

On prendra l'exemple de l'ion hexachlorophosphore, PCl_6^-

1 orbitale 3s + 3 orbitales 3p + 2 orbitales 3d $\rightarrow$ 6 orbitales atomiques hybrides d^2sp^3

> Anion hexachlorophosphore, PCl_6^-.
>
> 6 orbitales moléculaires (liaisons chimiques) de type σ, entre une orbitale atomique hybride d^2sp^3 et une orbitale atomique 3p à chaque fois.
>
> Fusion axiale.

3. Mésomérie

En chimie, la **mésomérie** désigne une délocalisation d'électrons dans les molécules conjuguées, que l'on représente par une *combinaison virtuelle* de structures aux électrons localisés appelées **mésomères** ou **formes de résonance**.

S'il existe dans une même molécule des atomes voisins possédant des orbitales p pures et **dont les axes sont parallèles** entre eux (ou sensiblement) il est possible qu'un léger rapprochement de ces 2 atomes provoque un recouvrement latéral d'orbitales et leur fusion dans un ensemble plus ou moins étendu. Les électrons peuvent alors se délocaliser dans le nouvel espace. On dit qu'il y a délocalisation des électrons et que le système d'électrons p est conjugué. Ce cas de figure se produit notamment lorsqu'il y a alternance de simples et doubles liaisons comme dans le benzène, le 1,3-butadiène ou la 3-buténone.

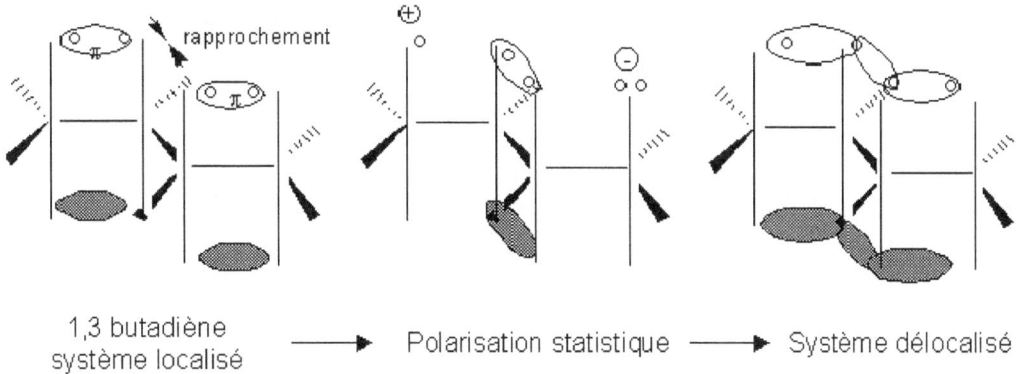

1,3 butadiène système localisé → Polarisation statistique → Système délocalisé

La délocalisation est un facteur de stabilisation des molécules, des ions, des intermédiaires réactionnels d'autant plus importants que la délocalisation est plus étendue. Tout système présentant une possibilité de délocalisation se forme préférentiellement par rapport à celui qui n'en présente pas.

La délocalisation modifie la longueur et l'énergie des liaisons en leur donnant un caractère intermédiaire: ainsi la liaison C2-C3 du 1,3-butadiène est plus courte qu'une liaison σ pure mais plus longue qu'une liaison π pure. Dans le benzène du fait de la délocalisation, toutes les liaisons C-C sont identiques et la molécule est stabilisée par délocalisation des électrons π (gain d'énergie comptée négativement = 38 kcal /mole), c'est l'énergie de résonance.

Remarque : Dans les ***systèmes conjugués***, on parle de mésomérie lorsque dans une ***structure de Lewis***, on a par exemple:

- une alternance doublet liant ***(π)*** - liaison simple ***(σ)*** - doublet liant ***(π)***, comme dans un ***diène*** conjugué,
- une alternance ***doublet libre*** - liaison simple ***(σ)*** - doublet liant ***(π)***, comme dans un ***éther vinylique***,
- un couple ***doublet libre*** - liaison simple ***(σ)*** - orbitale ***p vide***, comme dans le ***borazole*** ($B_3N_3H_6$),
- un couple doublet liant ***(π)*** - liaison simple ***(σ)*** - orbitale ***p vide***, comme dans l'___ion allyle___ ($CH_2=CH-CH_2^+$),
- une alternance ***électron libre*** - liaison simple ***(σ)*** - doublet liant ***(π)***, comme dans le ***radical benzyle***,

Exemple :

3.1. Effets électroniques

3.1.1. Effet inductif

Intervient à chaque fois qu'une molécule contient des atomes d'électronégativité différente, c'est-à-dire presque **tout le temps** !

Symbolisé par la pointe d'une flèche positionnée sur la liaison covalente concernée et orientée vers l'atome le plus électronégatif.

A et B sont deux atomes quelconques tels que : $\chi(A) < \chi(B)$

Se note **+I** ou **–I** selon qu'il est **donneur** ou **attracteur**.

Ceci dépend donc du point de vue duquel on se place : par exemple, du point de vue de A :

Exemple d'effet attracteur (-I)	Exemple d'effet donneur (+I)
H₃C—CH₂→Br δ^+ δ^-	H₃C—CH₂←MgBr δ^- δ^+
Ici, 'Br' a un effet inductif attracteur, c'est-à-dire qu'il attire les électrons du radical éthyle.	Ici, le groupe 'MgBr' est donneur d'électrons, ainsi le groupe éthyle va être plus riche en électrons.

Un atome ou un groupe d'atome (ici COOH) est capable de ressentir les effets inductifs d'un autre atome (ici Cl), si celui-ci n'est pas trop éloigné. Atténuation progressive de l'effet, il ne dépasse pas la 3ème ou 4ème liaison :

Acide	pKa
~~CO₂H	4.90
~~CO₂H (Cl sur C α)	2.87
~~CO₂H (Cl sur C β)	4.06
Cl~~~CO₂H (Cl sur C γ)	4.82

Remarque : Comme $\chi(H) < \chi(C)$, l'effet inductif d'un groupe alkyle (chaîne ne regroupant que des atomes de carbone et d'hydrogène) est toujours globalement donneur.

3.1.2. Effet mésomère

Les effets mésomères sont dus à la délocalisation des électrons p et n, favorisée par l'électronégativité relative des atomes liés.

A nouveau, on note deux types d'effets mésomères. Les effets **donneurs** d'électrons (+M) et les effets **attracteurs** d'électrons (-M).

Notation : les formes mésomères sont regroupées entre des **crochets** et de l'une à l'autre, on schématise le déplacement des doublets d'électrons comme à l'accoutumée par des flèches pleines. Entre deux formes mésomères, on dessine une **flèche simple pointant dans les deux sens**.

$$\diagdown C=O \longleftrightarrow \diagdown C^{\oplus}-O^{\ominus}$$

$$-C \equiv N \longleftrightarrow -C^{\oplus}=N^{\ominus}$$

Classification de quelques groupements mésomères donneurs (classement du plus donneur au moins donneur) :

$$-NH_2 \rangle -NHR \rangle -NR_2 \rangle -OH \rangle -OR \rangle -F \rangle -Cl \rangle -Br \rangle -I$$

Remarque : S'il y a compétition entre l'effet mésomère et l'effet inductif, ***c'est l'effet mésomère qui l'emporte.***

4. Exercices et Corrections

4.1. Exercice 01

On considère la molécule organique suivante : $CH_3-CO-CH = CH-CN$

1. Donner la forme développée de cette molécule en précisant les valeurs des angles de liaisons.

2. Préciser les états d'hybridation des atomes de carbone.

3. Préciser les atomes qui se trouvent dans le même plan.

Correction 01

1. Forme développée de la molécule $CH_3-CO-CH = CH-CN$

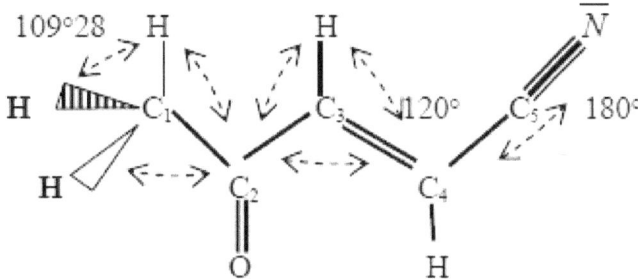

2. Le carbone C_1 est hybridé en sp^3. Les carbones C_2, C_3, et C_4 sont hybridés en sp^2. Le carbone C_5 est hybridé en sp

3. Tous les atomes se trouvent dans le même plan (de la feuille) sauf les deux hydrogènes en caractère gras du groupement CH_3.

4.2. Exercice 02

Les molécules CCl_4, BCl_3 et BeH_2 ne sont pas polaires.

Que peut-on déduire qu'en à leur forme géométrique.

Quel est l'état d'hybridation des atomes C, B et Be dans ces trois composés ?

Correction 02

Les molécules CCl_4, BCl_3 et $BeCl_2$ ne sont pas polaires.

Les atomes de chlore sont donc disposés de manière symétrique par rapport à l'atome central (l'atome central occupe le barycentre de la figure géométrique) et les différentes interactions entre les atomes de chlore doivent être minimales.

L'état d'hybridation des atomes de carbone, de bore et de béryllium dans les molécules CCl_4, BCl_3 et $BeCl_2$

C **sp³** ; quatre orbitales atomiques hybridées sp³ forment quatre liaisons simples(s) avec quatre atomes de chlore.

B **sp²** ; trois orbitales atomiques hybridées sp² forment trois liaisons simples(s) avec trois atomes de chlore.

Be **sp** ; deux orbitales atomiques hybridées sp forment deux liaisons simples(s) avec deux atomes de chlore.

D'où CCl₄ tétraédrique, BCl₃ trigonale plane et BeCl₂ linéaire

4.3. Exercice 03

Définir brièvement la théorie de Gillespie et à l'aide de cette théorie, préciser la géométrie des molécules suivantes : MgF_2 ; $AlCl_3$; CH_4 ; PCl_5 ; H_3O^+ ; H_2O ; $AsCl_3$; CO_2.

Correction 03

Définition : Théorie de la répulsion des paires électroniques de la couche de valence (Méthode V.S.E.P.R. Valence Shell Electron Pair Repulsion)

Principe : Les paires ou doublets électroniques de la couche externe de valence d'un atome central A se repoussent.

Méthode : À partir de la structure de Lewis d'une molécule, on détermine :
- Le nombre m de paires liantes entre l'atome central (**A**) et les atomes liés (**X**).
- Le nombre n de paires non liantes (**E**) de l'atome central.
- La formule du composé est donc **AX$_m$E$_n$** et sa géométrie va dépendre des (**m+n**) paires électroniques

Géométrie des molécules suivantes : MgF_2 ; $AlCl_3$; CH_4 ; PCl_5 ; H_2O ; H_3O^+, $AsCl_3$; CO_2

$Cl(Z = 17)$: (Ne) **3s² 3p⁵** $F(Z = 9)$: $1s^2$ **2s² 2p⁵**

Un seul électron suffit pour saturer la couche de valence du chlore et du fluor.

Ces deux atomes forment donc qu'une seule liaison avec l'atome centrale (comme le cas de l'hydrogène).

MgF₂

Mg (Z = 12) : $1s^2\ 2s^2\ 2p^6$ **3s²**

(m+n) = ½(2+2-0) + ½(0-0) = 4/2 = 2   n=2 => m=0

Remarque : les deux électrons de valence (**3s²**) assurent deux liaisons simples avec 2 atomes de fluor. Il n'y a pas de doublets libres. Donc la molécule MgF₂ est de type AX₂ linéaire :

F-Mg-F

Al Cl₃

Al (Z = 13) : $1s^2\ 2s^2\ 2p^6\ \mathbf{3s^2\ 3p^1}$

(m+n) = ½(3+3-0) + ½(0-0) = 6/2 = 3   n=3 => m=0

Remarque : les trois électrons de valence ($\mathbf{3s^2\ 3p^1}$) assurent trois liaisons simples avec trois atomes de chlore. Il n'y a pas de doublets libres. Donc la molécule AlCl₃ est de type AX₃ plane.

CH₄ :

C (Z = 6) : $1s^2\ \mathbf{2s^2\ 2p^2}$

(m+n) = ½(4+4-0) + ½(0-0) = 8/2 = 4   n=4 => m=0

Remarque : les quatres électrons de valence ($\mathbf{2s^2\ 2p^2}$) assurent quatre liaisons simples avec 4 atomes d''hydrogène. Il n'y a pas de doublets libres. Donc la molécule CH₄ est de type AX₄ de forme tétraédrique.

PCl₅

P (Z = 15) : (Ne)$\mathbf{3s^2\ 3p^3\ 3d^0}$

(m+n) = ½(5+5-0) + ½(0-0) = 10/2 = 5   n=5 => m=0

P* (état excité)

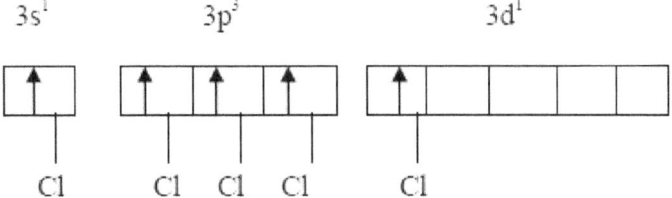

Cinq électrons de valence assurent cinq liaisons simples avec 5 atomes de chlore.

Il n'y a pas de doublets libres. Donc la molécule PCl₅ est de type AX₅ de forme bipyramide trigonale.

H₂O

O (Z = 8) : $1s^2\ \mathbf{2s^2\ 2p^4}$

(m+n) = ½(6+2-0) + ½(0-0) = 8/2 = 4   n=2 => m=2

Six électrons de valence assurent deux liaisons simples avec deux hydrogènes.

Il reste deux doublets libres. Donc la molécule est de type AX2E2 plane de forme en V.

H₃O⁺

O (Z = 8) : $1s^2\ 2s^2\ 2p^4$

(m+n) = ½(6+3-0) + ½(0-1) = 8/2 = 4   n=3 => m=1

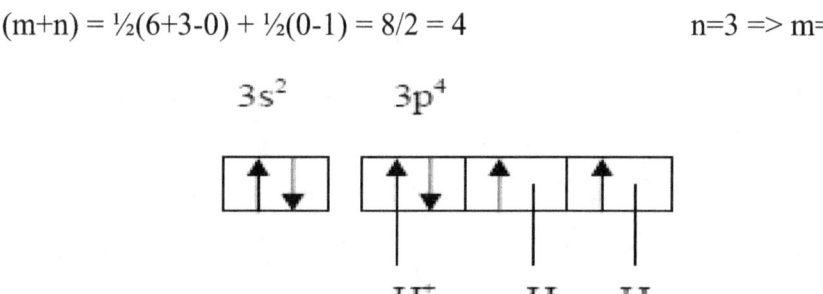

Six électrons de valence assurent deux liaisons simples avec deux hydrogènes et une liaison dative avec H⁺.

Il reste un doublet libre. Donc la molécule est de type AX_3E de forme pyramidale.

AsCl₃ :

As (Z = 33) : (Ar)3d¹⁰ **4s² 4p³**

(m+n) = ½(5+3-0) + ½(0-0) = 8/2 = 4   n=3 => m=1

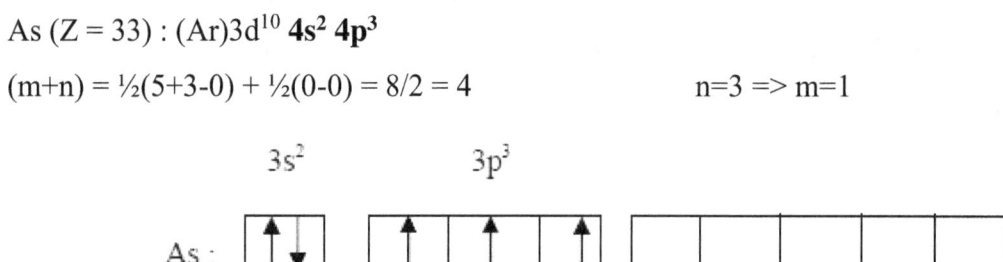

Cinq électrons de valence assurent trois liaisons simples avec 5 atomes de chlore.

Il reste 1 doublet libre.

Donc la molécule AsCl₃ est de type AX_3E de forme pyramidale.

CO₂

C (Z = 6) : 1s² 2s² 2p²

(m+n) = ½(4+2-2) + ½(0-0) = 4/2 = 2   n=2 => m=0

Quatre électrons de valence assurent deux liaisons doubles avec 2 atomes d'oxygène.

Il n'y a pas de doublets libres sur le carbone. Donc la molécule CO₂ est de type AX_2 linéaire :

$$\langle O = C = O \rangle$$

4.4. Exercice 04

Classer par ordre d'acidité décroissante en justifiant.

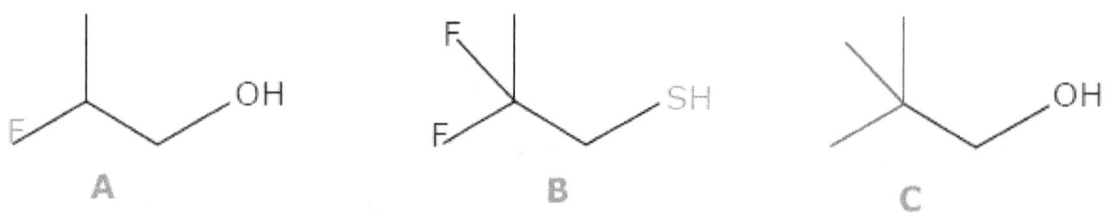

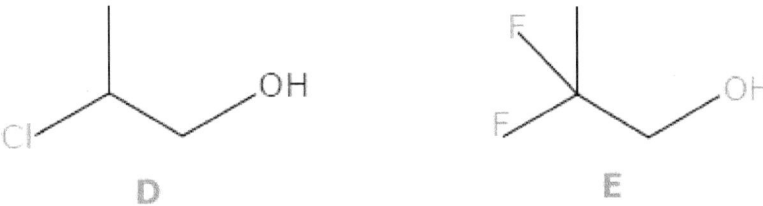

Correction 04

- Les molécules **B** et **E** portent les mêmes groupements **F**, l'acidité ne dépend que de la fonction alcool (**OH**) et de la fonction thiol (**SH**) : la liaison **S-H** est plus fragile que la liaison **O-H** car **d S-H** > **d O-H** (distances internucléaires). Par conséquent : **B** est plus acide que **E**.

- L'influence du fluor et du chlore se caractérise par un effet inductif attracteur (**-I**). Le fluor est plus électronégatif que le chlore, donc plus attracteur : cet effet fragilise la liaison O-H (en augmentant la polarité de la liaison) donc elle devient plus acide : **A** est plus acide que **D**.

- Lorsque le nombre de groupements attracteurs augmente, l'effet électroattracteur (inductif attracteur) augmente : **E** est plus acide que **A**.

- La molécule **C** porte 3 groupements donneurs CH3 (+I), c'est la moins acide.

$$B > E > A > D > C$$

4.5. Exercice 05

1) Classer par ordre de basicité croissante

NH_3 $Cl_3CCH_2-NH_2$ $(CH_3CH_2)_2NH$ $CH_3CH_2-NH_2$

2) Quelle est la base la plus faible

$C_6H_5-NH_2$ CH_3NH_2

Correction 05

1) Classement par ordre de basicité croissante

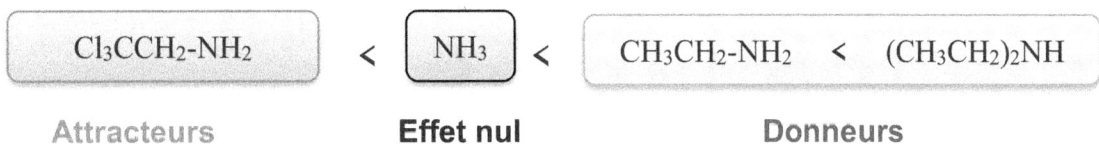

2) Dans l'aniline (C_6H_5-NH_2), le doublet libre de l'azote est conjugué avec les électrons p du cycle ; ce qui le rend moins disponible donc moins réactif que ne le serait le doublet d'une amine non conjuguée comme la méthylamine (CH_3NH_2). De plus, dans la méthanamine, l'effet inductif donneur (+I) exercé par CH_3 renforce la disponibilité du doublet libre.

L'aniline est moins basique que la méthanamine

… **Chapitre 3**

CLASSIFICATION DES FONCTIONS ORGANIQUES ET NOMENCLATURES

1. Représentations de la structure des molécules organiques

1.1. Formule brute : $C_nH_hO_oN_i$ (…autres éléments éventuels) - peu informatif mais donne le nombre d'insaturations

1.2. Formule développée : tous les atomes et liaisons sont représentés

1.3. Formule semi-développée : atomes représentés, mais pas les liaisons avec H

1.4. Représentation de Lewis : formule développée où sur chaque atome sont figurés les doublets non liants éventuellement portés par cet atome, ainsi que sa charge formelle

1.5. Représentations stéréochimiques (Chapitre IV)

2. Nomenclature

2..1. Introduction

Comment nomme-t-on une molécule organique?

Une molécule comprend :

- un enchaînement carboné (squelette)
- des substituants (atomes, groupes d'atomes)
- une fonction principale

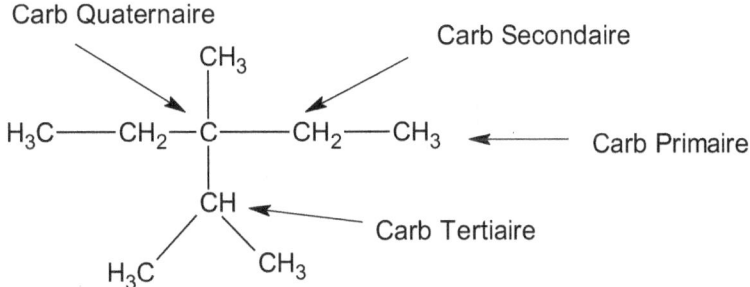

2.2. Nomenclature IUPAC (nomenclature systématique)

Règle IUPAC 1:

Repérer et nommer la chaîne la plus longue que l'on puisse trouver au sein de la molécule.

Remarque: si une molécule présente deux ou plusieurs chaînes d'égale longueur, on choisit comme substrat la chaîne qui porte le plus grand nombre de substituants

Règle IUPAC 2:

Nommer tous les groupes carbonés sur la plus longue chaîne en tant que **substituants alkyles** (-CH3 = substituant méthyle,….)

Remarque: si la chaîne du substituant est elle-même ramifiée, les mêmes règles IUPAC s'appliquent : on recherche la chaîne la plus longue de ce substituant, puis on nomme les annexes de celle-ci

Règle IUPAC 3:

Numéroter les carbones de la chaîne la plus longue en commençant par l'extrémité la plus proche d'un substituant

Remarque: si deux substituants sont à égale distance des deux extrémités de la chaîne, on se base sur l'alphabet pour décider du sens de la numérotation du substrat en présence de trois ou davantage de substituants, on numérote la chaîne dans le sens qui fournit le chiffre le plus petit au niveau de la première différence entre les deux modes de numérotation.

Règle IUPAC 4:

Ecrire le nom de l'alcane en arrangeant tout d'abord tous les substituants par ordre alphabétique (chacun étant précédé, à l'aide d'un tiret, du numéro de l'atome de carbone auquel il est attaché), puis en y adjoignant le nom du substrat

Remarque : lorsqu'une molécule contient un même substituant en plusieurs exemplaires, on fait précéder le nom de celui-ci par un préfixe tel que *di, tri, tétra, penta*….

Substituant(s) – chaîne carbonée – fonction principale
préfixe – squelette – suffixe

2.3. Noms des hydrocarbures

2.3.1. Alcanes

Les *alcanes* sont des hydrocarbures saturés (simples liaisons uniquement), linéaires (sans cycle) de formule brute C_nH_{2n+2}.

Nom des alcanes à chaîne linéaire C_nH_{2n+2}

N°	Nom	Formule	N°	Nom	Formule
1	Méthane	CH_4	12	Dodécane	$C_{12}H_{26}$
2	Ethane	C_2H_6	13	Tridécane	$C_{13}H_{28}$
3	Propane	C_3H_8	14	Tétradécane	$C_{14}H_{30}$
4	Butane	C_4H_{10}	15	Pentadécane	$C_{15}H_{32}$
5	Pentane	C_5H_{12}	16	Hexadécane	$C_{16}H_{34}$
6	Hexane	C_6H_{14}	17	Heptadécane	$C_{17}H_{36}$
7	Heptane	C_7H_{16}	18	Octadécane	$C_{18}H_{38}$
8	Octane	C_8H_{18}	19	Nonadécane	$C_{19}H_{40}$
9	Nonane	C_9H_{20}	20	Eicosane	$C_{20}H_{42}$
10	Décane	$C_{10}H_{22}$	30	Triacontane	$C_{30}H_{62}$
11	Undécane	$C_{11}H_{24}$	40	Tétracontane	$C_{40}H_{82}$

Groupes alkyles ramifiés

Structure	Nom courant	Nom systématique	Dérivé du
H₃C\CH—/H₃C	Isopropyle	1-méthyléthyle	Propane
H₃C\CH—CH₂—/H₃C	Isobutyle	2-méthylpropyle	2-méthylpropane (isobutane)
H₃C-CH₂\CH\CH₃	*Sec*-butyle	1-méthylpropyle	Butane
H₃C\H₃C—CH—/H₃C	*Tert*-butyle	1,1-diméthyléthyle	2-méthylpropane (tertiobutane)
H₃C\H₃C—CH—CH₂—/H₃C	Néopentyle	2,2-diméthylpropyle	2,2-diméthylpropane (néopentane)

2.3.2. Cycloalcanes

Les alcanes monocycliques de formule brute C_nH_{2n} sont nommés en faisant précéder du préfixe *cyclo* le nom de l'alcane.

Exemples : cyclobutane, cycloheptane, 1,1,3-triméthylcyclopentane.

Les alcanes bicycliques prennent le nom de l'alcane linéaire de même nombre de carbones précédé du préfixe bicyclo. Après ce préfixe, on met entre crochets le nombre d'atomes de carbone de chacun des 3 ponts, on numérote les atomes du cycle à partir d'une tête de pont en numérotant en premier la chaîne la plus longue conduisant à l'autre tête de pont, on continue en numérotant la chaîne moyenne en revenant vers la première tête de pont puis on termine par la plus courte.

Exemples :

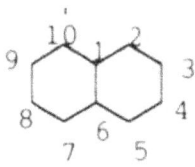 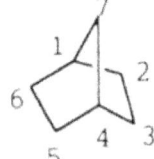 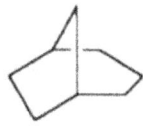

bicyclo[4.4.0]decane (ou decaline) bicyclo[2.2.1]heptane bicyclo[3.2.1]octane

2.3.3. Hydrocarbures insaturés

On parle d'hydrocarbure insaturé lorsque certaines liaisons **entre les atomes** de carbone du squelette carboné sont **doubles** ou même **triples**, les autres étant simples

a. Alcènes

Formule brute de la forme C_nH_{2n} pour les chaînes portant 1 seule double liaison (pour plusieurs doubles liaisons cette formule n'est pas utilisable).

Les alcènes contiennent au moins une *liaison C-C* double. Le nom d'un *alcène* est calqué sur celui des alcanes : le suffixe -ane est remplacé par le suffixe -ène et la position de la double liaison doit être précédée d'un indice de position le plus bas pour le premier carbone de la liaison. Les hydrocarbures portant 2 doubles liaisons sont appelés alcadiènes.

Exemples : $CH_3-CH_2CH=CH_2$ but-1-ène

$CH_3CH=CHCH_2CH=CHCH_3$ hepta-2-5-diène

Groupes dérivés des alcènes :

- ✓ les groupes alcényles
    - ❖ $CH_2=CH-$ éthényle ou vinyle
    - ❖ $CH_2=CH-CH_2-$ prop-2-ényle ou allyle

- ✓ Les groupes alkylidènes
    - ❖ $CH_3CH=$ éthylidène

- ✓ les groupes alkylènes : groupes divalents dérivés des alcanes par élimination d'un hydrogène à chaque extrémité de la chaîne
    - ❖ $-CH_2-$ méthylène
    - ❖ $-CH=CH-$ vinylène

b. Alcynes

Les alcynes contiennent au moins *une liaison C-C triple*. Le nom d'un alcyne est obtenu à partir du nom de l'alcane en remplaçant le suffixe *-ane* par le suffixe *-yne*. Le numérotage des carbones s'effectue de la même façon que pour les alcènes.

2.3.4. Hydrocarbures aromatiques

Les plus courants sont en général dérivés du benzène.

Les hydrocarbures désignés par un nom trivial

Toluène

Cumène
Isopropylbenzène

Styrène
Vinyl Benzène

Hydrocarbure aromatique bisubstitué

Position 1,2 position ortho (o)   Position 1,3 position méta (m)   position 1,4 position para (p)

Le terme générique relatif au benzène substitué est arène. Lorsqu'une arène est à considérer comme substituant, on le nomme un groupe aryle, en abrégé Ar. Le substituant aryle parental est le phényle, C_6H_5. Le groupe $C_6H_5CH_2$- se nomme phénylméthyle (benzyle).

2.4. Principaux groupes fonctionnels

2.4.1. Halogénoalcane. *Symbole RX ; X=atome d'halogène (F,Cl,Br,I).*

L'halogène est considéré comme un substituant fixé au squelette de l'alcane. Ces composés sont nommés en harmonie avec les règles qui s'appliquent à la nomenclature des alcanes, le substituant halogéné étant considéré de la même manière qu'un groupe alkyle.

Ex.: Le bromoéthane : $Br-CH_2-CH_3$

Avant on considérait les **halogénoalcanes** comme étant des **halogénures d'alkyle**, aussi on peut rencontrer des composés nommés selon cette règle.

Ex : CH_3-I : iodure de méthyle (au lieu de iodométhane).

2.4.2. Composés organométalliques. Symbole RMX

Les composés organométalliques comportent une, ou plusieurs liaisons, carbone-métal. S'ils sont de la forme R-MX (M : métal; X : halogène), ce sont des "halogénures d'alkylmétal".

Ex. : CH_3-CH_2-MgI iodure d'éthylmagnésium

S'ils sont de la forme R-M-R ce sont des alkylmétal, nommés sur le modèle ci-dessous.

Ex. : $CH_3-Cd-CH_3$ diméthylcadmium.

2.4.3. Alcools : *Dénomination : alcanol, Symbole ROH*

Le nom de l'alcool dérive de la chaîne la plus longue contenant le substituant OH. Cette chaîne peut très bien ne pas être la plus longue chaîne de la molécule. Pour localiser les positions tout au long de la chaîne on numérote chaque atome de carbone en commençant par l'extrémité la plus proche du groupe OH. Ce sont des *alcanols*.

2.4.4. Ethers : *dénomination : alkoxyalcane, Symbole ROR'*

Ils sont considérés comme des alcanes porteurs d'un substituant alkoxyle. On incorpore le plus petit substituant dans le groupe alkoxyle, tandis que le plus important des substituants sert à définir le substrat.

Ex : $CH_3OCH_2CH_3$ méthoxyéthane

2.4.5. Analogues soufre des alcools et ether

Les analogues soufre des alcools, R-SH, sont appelés des *thiols*. Le suffixe thiol est ajouté au nom de l'alcane, ce qui fournit l'appellation *alcanethiol* (par exemple : méthanethiol CH_3SH, éthane-1,2-dithiol $HSCH_2CH_2SH$). Le groupe SH est désigné par le terme *mercapto* et sa localisation est indiquée grâce au numérotage adéquat de la plus longue chaîne, comme dans la nomenclature des *alcanols* (par exemple : 2-mercaptoéthanol $HSCH_2CH_2OH$).

2.4.6. Acides carboxyliques

Le système IUPAC construit les noms des acides carboxyliques en remplaçant la désinence *-e* du nom de l'alcane par *-oïque* et en faisant précéder le tout par le mot *acide*. La chaîne de l'acide *alcanoïque* est numérotée en assignant le n°1 au carbone carboxylique et en positionnant tous les substituants tout au long de la plus grande chaîne carbonée incluant obligatoirement le groupe *-COOH*.

Ex : CH_3CH_2COOH acide propanoïque

2.4.7. Aldéhydes et cétones

Noms IUPAC

Les noms systématique s'obtiennent en considérant les aldéhydes comme des dérivés des alcanes, la terminaison *-e* de ces derniers étant remplacée par *-al*. Ainsi un alcane devient un *alcanal*.

On numérote la chaîne porteuse de substituants en attribuant le n°1 au carbone carbonylique. Les aldéhydes qu'il est difficile de nommer par référence à des alcanes sont plutôt décrits comme des *carbaldéhydes*.

Les cétones sont appelées des *alcanones*, la terminaison *-e* du nom de l'alcane étant remplacée par *-one*. On numérote la chaîne de manière à attribuer le plus petit nombre possible au carbone carbonylique, sans regarder à la présence d'autres substituants ou d'autres groupes fonctionnels.

Les cétones aromatiques sont nommées en tant qu'alcanones substitués par un groupe aryle.
Les cétones serties dans un cycle sont appelées des *cycloalcanones*.

2.4.8. Anhydrides

Les anhydrides carboxyliques, **ROCOCOR**, sont tout simplement nommés en faisant précéder le nom de *l'acide* (ou les noms des acides dans le cas des anhydrides mixtes) par le terme *anhydride*. Cette méthode s'applique également aux dérivés cycliques.

2.4.9. Halogénure d'acide (ou d'acyle)

Le remplacement, dans un acide carboxylique, du groupe **OH** par un halogène **X** engendre un halogénure d'acide, **R-CO-X**. Les groupes **RCO** portant le nom générique de groupes *acyles*, ces composés sont également appelés halogénures d'acyles.

Les noms des groupes acyles dérivent de ceux des acides en remplaçant la terminaison *-ique* par la terminaison *-yle*. Les groupes acyle qui dérivent des acides *cycloalcanecarboxyliques* sont nommés en remplaçant la terminaison *-xylique* par la terminaison *-nyle*.

Les halogénures d'acyle sont nommés en faisant précéder le nom du groupe acyle des mots fluorure de, chlorure de, bromure de ou iodure de.

Ex. : CH_3CH_2COCl chlorure de propionyle (ou de propanoyle).

2.4.10. Esters

Les esters sont nommés en tant qu'*alcanoates d'alkyle*.

Lorsque le groupe ester (-COOR) doit être considéré comme substituant, on l'appelle un *alkoxycarbonyle*.

Un ester cyclique est appelé une *lactone*; le nom systématique serait une oxacycloalcan-2-one.

2.4.11. Amides

Les amides sont appelés des *alcanamides*, en remplaçant la terminaison *-e* du nom de l'alcane par *-amide*. Dans les noms courants, la terminaison *-ique* du qualificatif de l'acide est remplacée par le suffixe *-amide*. Dans le cas de systèmes cycliques, la désinence *-carboxylique* est remplacé par *-carboxamide*. Les substituants attachés à l'azote sont indiqués par le préfixe *N-* ou *N,N-* selon le nombre de ceux-ci.

Les amides cycliques sont appelés des *lactames* et les règles pour les nommer sont analogues à celles s'appliquant aux *lactones*.

2.4.12. Alcane nitriles

Les nitriles : $RC \equiv N$

Dans les noms courants, la désinence *-ique* de l'acide carboxylique est remplacé par *-nitrile*, avec suppression du mot *acide*. La chaîne est numérotée comme dans la nomenclature des acides carboxyliques. Le substituant *-CN* est appelé *cyano*. Les *cyanocycloalcanes* sont en fait des *cycloalcanecarbonitriles*.

Ex : $CH_3CH_2C \equiv N$ propanenitrile.

2.4.13. Amines

Les amines sont des dérivés de l'ammoniac (NH_3), dans lesquels un (primaires), deux (secondaires) ou trois (tertiaires) des hydrogènes a (ont) été remplacé(s) par un (des) groupes(s) alkyle ou aryle.

RNH_2 : amine primaire, $RR'NH$: amine secondaire, $RR'R''N$: amine tertiaire

Le système de nomenclature des amines est rendu confus par la diversité des noms courants qui apparaissent dans la littérature. La meilleure façon de nommer les amines aliphatiques est de les nommer en tant qu'*alcanamine*, dans lesquelles le nom du substrat, en l'occurrence l'alcane, est modifié en remplaçant le *-e* final par *-amine*. La position du groupe fonctionnel est indiquée par un préfixe désignant l'atome de carbone auquel celui-ci est attaché.

Ex. CH_3NH_2 méthanamine

Les substances qui contiennent 2 fonctions amines sont des *diamines*.

Les amines aromatiques, ou aniline, sont appelées des *benzenamine*.

Pour les amines secondaires et tertiaires, le substituant alkyle le plus important de l'azote est choisi pour former le nom de l'alcanamine de base et le(s) autre(s) groupe(s) est (sont) nommé(s) en tant que substituant(s) à la suite de la (des) lettre(s) N- (N, N-).

Ex. $CH_3NHCH_2CH_2CH_3$ N-méthyléthanamine

Une autre manière de nommer les amines consiste à considérer le groupe fonctionnel, appelé *amino-*, tout simplement comme un substituant du substrat qui est l'alcane.

De nombreux noms courants des amines considèrent celles-ci comme des *alkylamines*.

Ex. $CH_3CH_2NH_2$ aminoéthane.

2.4.14. Hétérocycles

Cette catégorie contient de nombreuses molécules qui ont reçu des appellations courantes. De plus, il existe divers système de nomenclature des hétérocycles.

Ici, on considèrera les hétérocycles saturés comme étant des dérivés des carbocycles correspondants et on indiquera à l'aide d'un préfixe la présence et l'identité de l'*hétéroatome* de remplacement : *aza-* pour un azote, *oxa-* pour un oxygène, *thia-* pour un souffre, *phospha-* pour un phosphore et ainsi de suite. La localisation des substituants éventuels est indiquée en numérotant les atomes du cycle à partir de l'hétéroatome.

Certains noms d'hétérocycles insaturés se rencontrent tellement fréquemment qu'il est préférable de les connaître.

2.4.15. Quelques autres fonctions non courantes et noms non courants

Acétals : composés de structure $R_2C(OR')_2$ dans laquelle R' ≠ H et, par suite, diéthers de diols géminés.

Acétylures : composés résultant du remplacement de l'un ou des deux atomes d'hydrogène de l'acétylène (éthyne) par un métal ou autre groupe cationique (ex. NaC≡CH : acétylure monosodique)

Aldoses : sucres fondamentaux de formule $H[CH(OH)]_nCOH$

Allènes : hydrocarbures comportant deux double liaison reliant un même atome de carbone à deux autres ($R_2C=C=CR_2$)

Cétènes : composés dans lesquels un groupe carbonyle est relié par une double liaison à un carbone ($R_2C=C=O$)

Cétoses : sucres cétoniques fondamentaux comportant au moins 3 atomes de carbone (H-$[CHOH]_n$-CO-$[CHOH]_m$-H

Composés diazoïques : composés comportant le groupe divalent diazo, $=N^+=N^-$, fixé sur un atome de carbone.

Composé époxy : composés dans lesquels un atome d'oxygène est directement lié à deux atomes de carbone adjacent ou nom d'une chaîne ou d'un système cyclique, par suite éthers cycliques. Le terme époxyde désigne une sous-classe de composés époxy comportant un éther cyclique à 3 chaînons, par suite, dérivé de l'oxirane.

Composés hydrazoïques : composés comportant le groupe divalent hydrazo : -NH-NH-

Enols : alcénols; le terme se rapporte d'une manière spécifique aux alcools vinylique, de structure HOCR'=CR2. Les énols sont tautomères des aldéhydes ou des cétones.

Glycools : alcools dihydroxylés, aussi nommés diols, dans lesquels les deux groupes hydroxyles sont situés sur des carbones différents, en général, mais pas nécéssairement adjacent (ex. $HOCH_2CH_2OH$ éthylèneglycool ou éthane-1,2-diol).

Hémicétals : hémiacétals de formule $R_2C(OH)OR$ avec $R \neq H$.

Hydrazines : l'hydrazine (diazane) H_2N-NH_2.

Hydrazides : Lorsque un ou des substituantsde l'hydrazine sont des groupes acyles.

Hydrazone : composés de structures $R_2C=NNR_2$.

Imides : dérivés diacylés de l'ammoniac ou des amines primaires, en particulier les composés cycliques dérivés des diacides.

Imines : Composés de structure $RN=CR_2$. Imine est utilisée comme suffixe en nomenclature systématique pour désigner le groupe $C=NH$, l'atome de carbone n'étant pas pris en compte.

Oléfine : hydrocarbures cycliques ou acycliques ayant une ou plusieurs doubles liaisons carbone-carbone, à l'exception des composés aromatiques.

Orthoesters : composés de structure $RC(OR')_3$ avec $R' \neq H$ ou $C(OR')_4$ avec $R' \neq H$ (Ex. $HC(OCH_3)_3$: orthoformiate de triméthyle).

Oximes : Composés de structures $R_2C=NOH$.

Peroxydes : composés de structure ROOR.

Péroxyacides : acides dans lesquels un groupe OH a été remplacé par un groupe -OOH.

3. Classement des fonctions

Dans le tableau ci-dessous, les fonctions sont classées par priorité décroissante de haut en bas une fonction à priorité sur celles qui se trouvent au-dessous d'elle.

fonction	Prioritaire (suffixe)	Non prioritaire (préfixe)
Acide carboxylique	-oïque	acide
Ester	-oate de	-
Amide	-amide	-
Nitrile	-nitrile	Cyano- (C≡N)
Aldéhyde	-al	Formyl- (CHO)
Cétone	-one	Oxo- (=O)
Alcool, phénol	-ol	Hydroxy- (-OH)
Amine	-amine	Amino- (NH$_2$,

		NHR, NR$_2$)
Alcène	-ène	-
Alcyne	-yne	-
Alcane	-ane	-
Cycloalcane	-	Cyclo-
Ether	-	Oxy
Dérivé halogéné	-	Halogéno-

Priorités des fonctions organiques : (**celles en gras sont à connaître**)

1. **acide carboxylique**
2. ester
3. **amide**
4. nitrile
5. **aldéhyde**
6. **cétone**
7. **alcool**
8. amine
9. **alcène**
10. alcyne
11. **alcanes / halogénures /** éthers / nitros **/ ramification (méthyl ou éthyl)**

4. Exercices et Corrections

4.1. Exercices 01

Montrer les différentes fonctions dans ces deux molécules

Correction 01

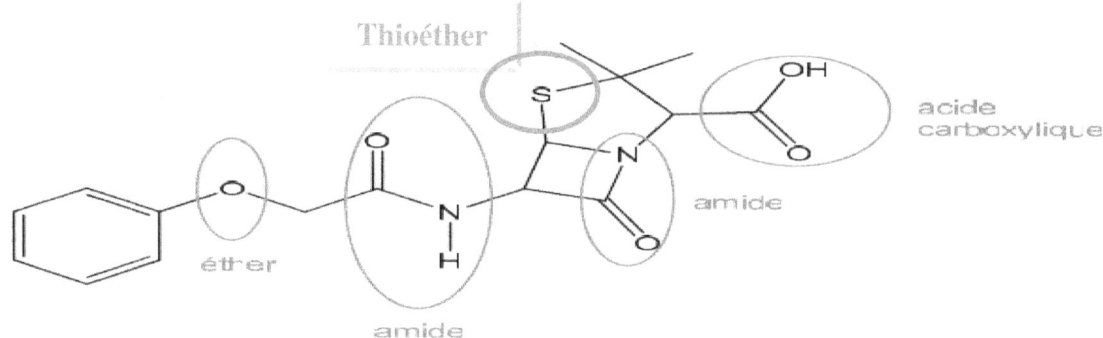

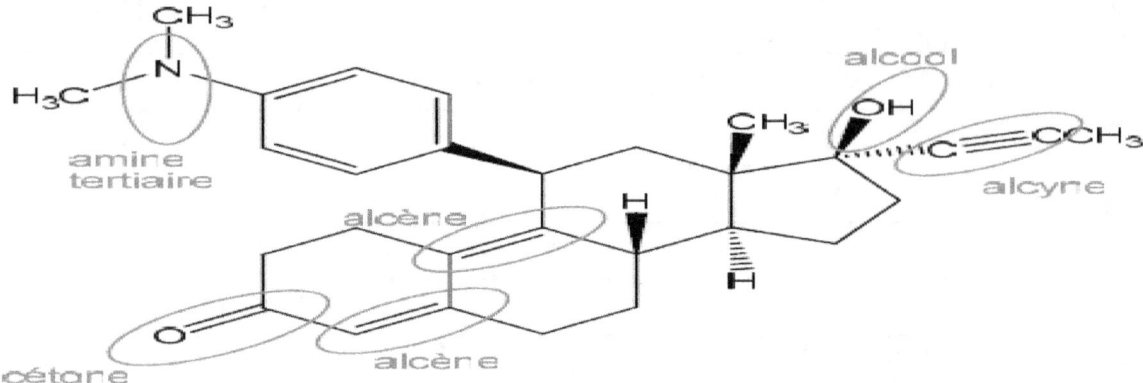

4.2. Exercice 02

Dessinez la formule développée des molécules suivantes :

a) $(CH_3)_2CHCH_2OH$

b) $Cl_2C=CCl_2$

c) $CH_3CCl_2CH_3$

d) $(CH_3)_2C(CH_2CH_3)_2$

Correction 02

4.3. Exercice 03

Déterminez la chaine principale et les ramifications des molécules ci-dessous :

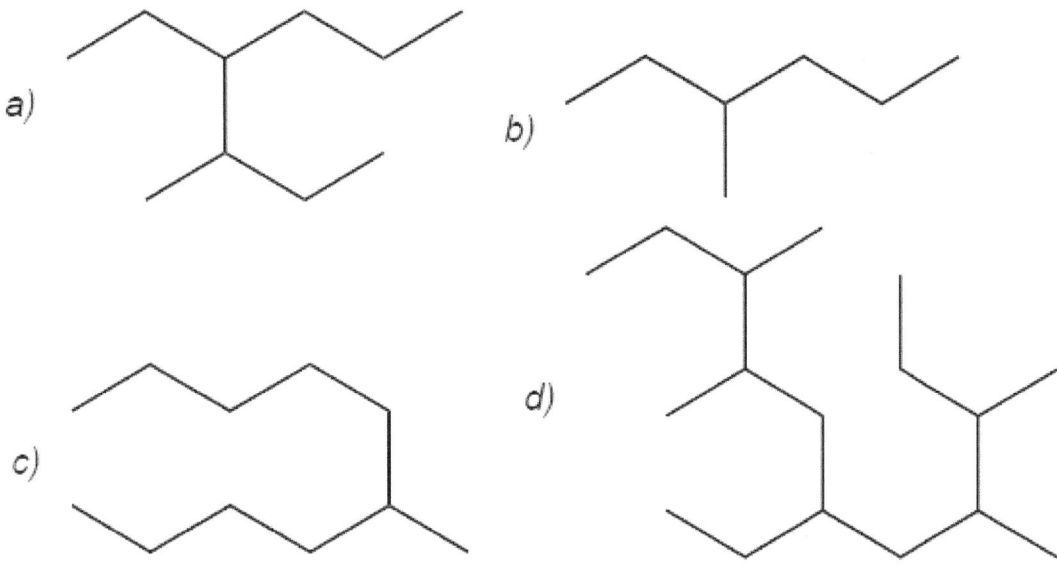

Correction 03

a) Chaîne principale : 7 carbones => heptane. 2 substituants : méthyle et éthyle.

b) Chaîne principale : 6 carbones => hexane. 1 substituant : méthyle.

c) Chaîne principale : 10 carbones => décane. 1 substituant : méthyle.

d) Chaîne principale : 11 carbones => undécane. 5 substituants : 4 méthyles et 1 éthyle.

4.4. Exercice 04

Donnez la formule semi-développée ou le nom des produits suivants :

a) hexa-1,3-diène

b) hept-2-yne-4-ène

c) pentène

d) octa-1,3,5-trién-7-yne

e) donnez un synonyme au produit d)

Correction 04

a) $CH_2 = CH - CH = CH - CH_2 - CH_3$

b) $CH_3 - C \equiv C - CH = CH - CH_2 - CH_3$

c) $CH_2 = CH - CH_2 - CH_2 - CH_3$

d) $CH_2 = CH - CH = CH - CH = CH - C \equiv CH$

e) oct-1-yne-3,5,7-triène

4.5. Exercice 05

CH₃-CH₂-C(=O)-OH	Acide propanoïque
CH₃-CH(NH₂)-CH₂-OH	2-aminopropan-1-ol
CH₃-CH₂-CH₂-CH₂-CH₃	pentane
CH₃-CHCl-CH₂-CH₂-OH	3-chlorobutan-1-ol
CH₃-CH(CH₃)-CH₂-CH₃	2-méthylbutane
CH₂=CH-CH₂-CH=O	but-3-énal
CH₃-CH(NH₂)-CH₂-COOH	Acide 2-aminobutanoïque
CH₃-CCl₂-COOH	Acide 2,2-dichloropropanoïque
CH₃-CH(CH₃)-CH(CH₃)-CH₂-CH₂-CH₃	2,3-diméthylhexane
CH₃-CH=CH-CH(CH₃)-CH₃	4-méthylpent-2-ène
CH₃-CH₂-CH₂-CH₂-CH₂-CH₃	hexane
CH₃-CH₂-CH₂-CH₂-COOH	Acide pentanoïque
CH₃-CO-CH₃	propan-2-one
(cyclohexanone structure)	Cyclohexanone

Chapitre 3

STEREOCHIMIE

1. Introduction

La *stéréochimie* implique l'étude de l'arrangement spatial relatif des atomes au sein des molécules.

La stéréochimie comprend des méthodes pour déterminer et décrire ces arrangements; ainsi que pour déterminer les effets de ces combinaisons sur les propriétés physiques et biologiques des molécules en question. Enfin, la stéréochimie joue un rôle crucial lorsqu'il s'agit de déterminer la réactivité chimique des molécules étudiées (stéréochimie dynamique).

2. Isomérie

Le terme *isomérie* vient du grec *isos* = identique et *meros* = partie.

En chimie organique, on parle d'*isomérie* lorsque deux molécules possèdent la même formule brute mais ont des formules semi-développées ou des formules développées différentes. Ces molécules, appelées *isomères*, ont des propriétés physiques, chimiques et biologiques différentes.

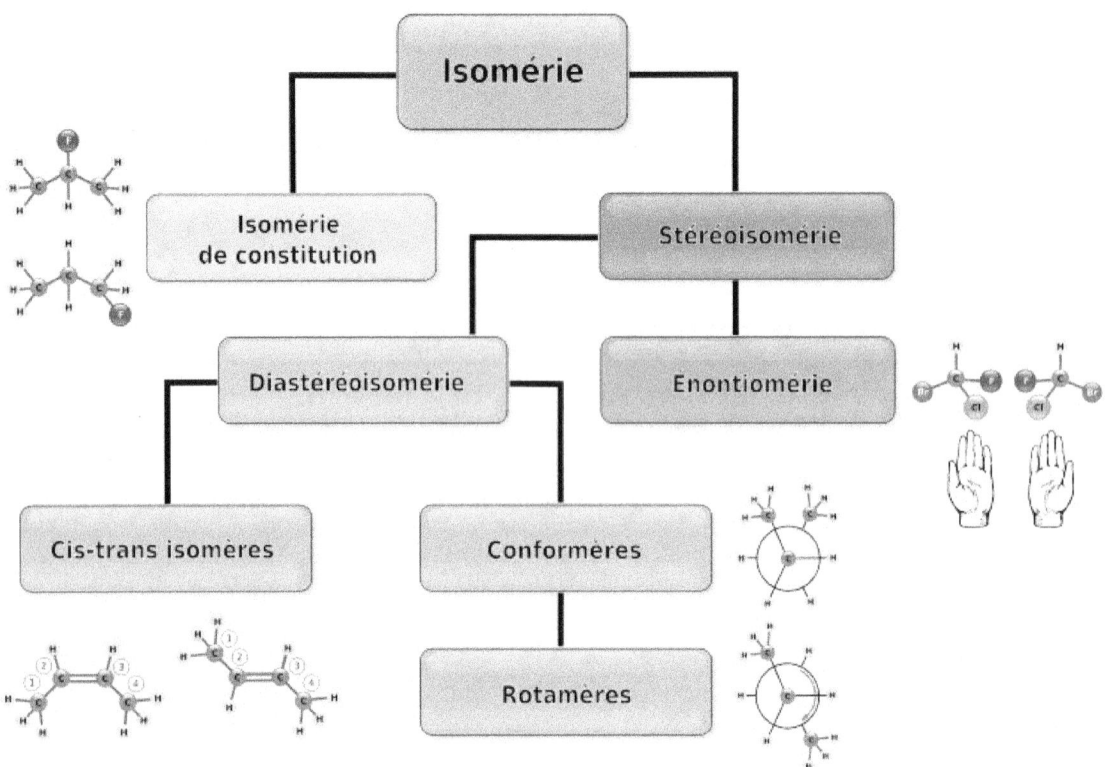

On distingue différentes isoméries, principalement les isoméries de constitution et de configuration (stéréoisomérie). Il y a aussi des isoméries de conformation.

2.1. Isomérie de constitution (ou de structure)

L'isomérie de constitution correspond aux isoméries désignant des enchaînements d'atomes différents. Des isomères de constitution ont pour seul point commun leur formule brute; ils ne sont pas constitués des mêmes fonctions chimiques.

2.1.1. Isomérie de chaîne

L'isomérie de chaîne désigne les isomères qui diffèrent par leur chaîne carbonée (squelette). Ces isomères sont caractérisés par leurs propriétés chimiques identiques et propriétés physiques différentes.

Exemple : C_4H_{10}

    Butane   Méthylpropane

  $CH_3-CH_2-CH_2-CH_3$ $CH_3-CH-CH_3$
                                                      |
                                                    CH_3

2.1.2. Isomérie de position

L'isomérie de position qualifie les isomères dont un groupement est placé sur des carbones différents de la chaîne carbonée, qui veut dire que c'est le groupe qui se déplace à l'intérieur du squelette. Ces isomères sont caractérisés par leurs propriétés physiques différentes et chimiques légèrement différentes.

Exemple : C_3H_7OH

  Propanol-1   Propanol-2

  $CH_2-CH_2-CH_3$ $CH_3-CH-CH_3$
  | |
  OH   OH

2.1.3. Isomérie de fonction

L'isomérie de nature de fonction caractérise les isomères dont les groupes fonctionnels sont différents, donc de propriétés physiques et chimiques différentes.

Exemple : C_2H_6O

    Ethanol   Méthoxyméthane

   CH_3-CH_2-OH CH_3-O-CH_3

3. Stéréoisomérie

La stéréoisomérie désigne les isomères de configuration, c'est-à-dire les molécules de constitution identique mais dont l'organisation spatiale des atomes est différente. On classe les isomères de configuration en deux grands groupes : les énantiomères et les diastéréoisomères.

3.1. Modes de représentation des molécules

3.1.1. Représentation en perspective & représentation de Cram.

La représentation de Cram (1953) utilise les conventions résumées ci-dessous pour le dessin des liaisons.

dans le plan	en avant du plan	en arrière du plan
trait simple	trait gras	trait pointillé.

Le dessin suivant représente l'un des stéréoisomères du 2, 3-diméthylbutane en utilisant la représentation perspective (A) et la représentation de Cram (B).

3.1.2. Projection de Newman.

La molécule est dessinée en projection selon une liaison C-C perpendiculaire au plan du papier. L'exemple suivant est celui de la molécule de butane en projection selon C_2-C_3.

La molécule d'éthanal est représentée selon la même méthode.

La projection de Newman est intéressante dans le cas de molécules cycliques comme le cyclohexane car elle permet de mettre clairement en évidence les différents angles dièdres.

3.1.3. Projection de Fischer.

Le chimiste allemand E. Fischer (prix Nobel 1902) à qui l'on doit notamment la détermination de la stéréochimie complète du glucose, est le créateur d'un mode de représentation très utilisé dans la chimie des sucres. Les conventions sont les suivantes :
- la chaîne carbonée est dessinée verticalement ;
- l'atome de carbone qui porte le numéro le plus petit (porteur de la fonction aldéhyde dans le cas d'un sucre) est placé en haut ;
- les groupes sur l'horizontale pointent vers l'avant de la feuille de papier.

Les oses les plus simples sont le (2*R*)-2-hydroxypropanal (I) et son énantiomère le (2*S*)-2-hydroxypropanal (II). Ils sont représentés ci-dessous en utilisant la représentation de Cram et la projection de Fischer. Ces sucres sont encore appelés *glycéraldéhydes*.

3.2. Configuration absolue

3.2.1. Définition.

On appelle configuration absolue, la disposition spatiale des atomes ou des groupes d'atomes d'une entité moléculaire chirale ou d'un groupe chiral qui distingue cette entité ou ce groupe de son image dans un miroir.

3.2.2. Chiralité

La **chiralité** d'un objet désigne sa propriété de ne pas être superposable à son image dans un miroir plan.
Un objet possédant un plan ou un centre de symétrie est achiral (non doué de chiralité).
Exemples : Une main est un objet chiral.
Une molécule contenant un carbone asymétrique est chirale

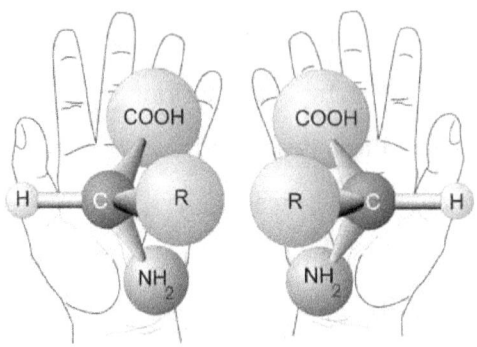

3.2.3. Règles séquentielles de R. S. Cahn, C. Ingold, V. Prelog

La nécessité de disposer d'une nomenclature systématique des énantiomères et des diastéréo-isomères, pose le problème de la recherche de descripteurs stéréochimiques. Les règles séquentielles proposées par R. S. Cahn, C. Ingold et V. Prelog établissent un ordre conventionnel des atomes ou des groupes d'atomes, dans le but de dénommer sans ambiguïté les configurations absolues ou relatives des stéréo-isomères.

- ✓ *Règle 1* : un atome de numéro atomique plus élevé a la priorité sur un atome de numéro atomique plus faible.

    Dans la molécule de bromochlorofluorométhane CHBrClF, les atomes entourant le carbone central sont classés dans l'ordre suivant : Br > Cl > F > H.

$$H - \underset{\underset{F}{|}}{\overset{\overset{Cl}{|}}{C}} - Br$$

- ✓ *Règle 2 :* lorsque deux atomes, directement liés à l'atome central (atomes dits de premier rang) ont même priorité, on passe aux atomes qui leurs sont liés (atomes dits de second rang) et ainsi de suite jusqu'à ce qu'on atteigne une différence.

Si l'on veut comparer les priorités des atomes de carbone des groupes éthyle (I) et méthyle (II) :

$$-CH_2CH_3 \qquad -CH_3$$
$$\quad I \qquad\qquad\quad II$$

Groupe	I	II
rang 1	(C, H, H)	(H, H, H)

Le groupe I est prioritaire sur le groupe II.

Soit à comparer les atomes de carbone du groupe 2-méthylpropyle et du groupe butyle :

$$-CH_2CH(CH_3)_2 \qquad -CH_2CH_2CH_2CH_3$$
$$\quad I \qquad\qquad\qquad\qquad II$$

Groupe	I	II
rang 1	(C, H, H)	(C, H, H)
rang 2	(C, C, H)	(C, H, H)

Le groupe I est prioritaire sur le groupe II.

- ✓ **Règle 3 :** si le long d'une chaîne on atteint un endroit ou il y a une bifurcation sans pouvoir conclure, on choisit un chemin prioritaire correspondant à l'atome prioritaire des deux séries identiques.

Si l'on veut comparer les atomes de carbone des groupes I et II :

```
   —CH—CH₃              —CH—CH₂—CH₂Br
      |                     |
      O—CH₃                 O—H
         I                     II
```

Au premier rang, on a deux séries (O, C, H) identiques et on ne peut conclure.

On compare alors les branches prioritaires correspondant à la bifurcation de l'atome d'oxygène. Le premier groupement est prioritaire sur le deuxième car l'atome de carbone l'emporte sur l'atome d'hydrogène.

- ✓ **Règle 4 :** les liaisons multiples sont ouvertes en liaisons simples. On attache à chaque atome une réplique de l'atome qui lui est lié jusqu'à saturer sa valence (les répliques sont notées entre [ ]).

Exemples :

Groupe	I	II	III
rang 1	C (O, O, H)	C(C, C, C)	C(N, N, N)

On aboutit à l'ordre des priorités suivant :

$$I > III > II$$

✓ **Règle 5 :** quand deux atomes sont isotopes celui dont la masse est la plus élevée est prioritaire sur l'autre.

3.2.4. Stéréodescripteurs *R* et *S* d'un centre chiral (Configuration Absolue)

Classons les groupes liés à un atome de carbone asymétrique par ordre de priorité en utilisant les règles séquentielles de Cahn, Ingold et Prelog et suppose qu'après classement on ait :

$$1 > 2 > 3 > 4$$

(Le signe > signifie : est prioritaire devant).

Un observateur dont l'œil est du côté de l'atome de carbone, regarde dans la direction de la liaison C-4 entre cet atome de carbone et le groupe classé dernier dans l'ordre des priorités. Deux situations peuvent alors se présenter :

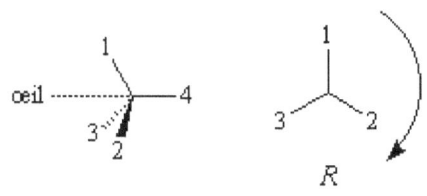

Les substituants défilent par priorité décroissante dans le sens des aiguilles d'une montre. La configuration absolue est *R* (rectus).

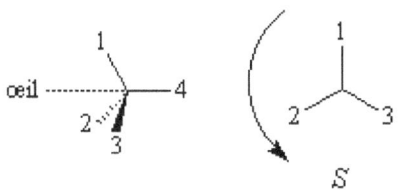

Les substituants défilent par priorité décroissante dans le sens inverse des aiguilles d'une montre. La configuration absolue est *S* (sinister).

Voici quelques exemples.

3.2.5. Molécules possédant plusieurs centres chiraux.

Lorsqu'une molécule possède plusieurs atomes de carbone asymétriques, on donne la configuration absolue de chacun d'eux. Les formules suivantes sont celles des acides tartriques ou (2R, 3R)-2,3-dihydroxybutane-1,4-dioïque et (2S, 3S)-2,3-dihydroxybutane-1,4-dioïque énantiomères.

On peut déterminer les configurations absolues rapidement à partir *des projections de Fischer* en utilisant la méthode suivante. Les groupements sont classés suivant les *règles séquentielles de Cahn, Ingold et Prelog*. Deux cas peuvent se présenter :
- si le substituant de plus petite priorité est situé sur la verticale, on regarde le sens dans lequel défilent les trois autres substituants par priorité décroissante. Si ce sens est celui des aiguilles d'une montre, la **configuration absolue** est *R*. Dans le cas inverse, elle est *S* (on peut se rappeler que lorsque le substituant de plus petite priorité est sur la *ver*ticale la configuration lue est la *véri*table configuration) ;
- si le substituant de plus petite priorité est situé sur l'horizontale, on effectue une permutation avec un substituant sur la verticale, on applique la règle précédente et on inverse la **configuration absolue**.

La projection de Fischer se prête bien à la représentation et à la classification des stéréoisomères dans la chimie des sucres. Le 2, 3, 4-trihydroxybutanal possède 2 atomes de carbone asymétriques. Il existe deux paires d'énantiomères représentés ci-dessous. Le premier couple est appelé *érythrose*. Le second est appelé *thréose*.

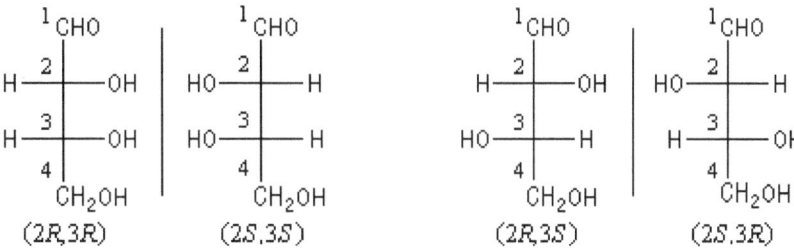

Le schéma ci-dessous précise les relations d'*énantiomérie*, symbolisées par E et de *diastéréoisomérie*, symbolisées par D.

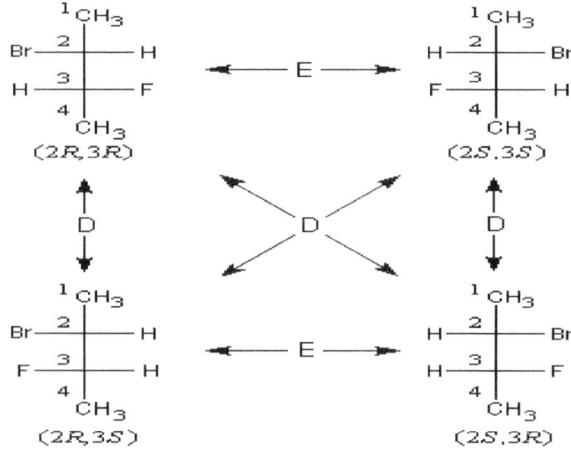

- ✓ les énantiomères (R, R) et (S, S) forment le couple *like* ;
- ✓ les énantiomères (R, S) et (S, R) forment le couple *unlike*.

3.2.6. Configurations relatives

On appelle *configuration relative* la configuration de tout groupe stéréogène par rapport à tout autre groupe stéréogène contenu dans la même entité moléculaire. À la différence de la configuration absolue elle est inchangée par réflexion.

a. Configuration relative autour d'une double liaison.

Les atomes de carbone et les atomes qui leurs sont liés, engagés dans une double liaison constituent des groupes stéréogènes. Considérons le plan passant par les atomes de carbone de la double liaison et perpendiculaire au plan passant par les groupes qui lui sont liés. Ces groupes sont situés au-dessus et au-dessous de ce plan.

- les groupes portés par des atomes de carbone différents situés du même côté du plan sont en relation *cis* ;
- les groupes portés par des atomes de carbone différents situés de part et d'autre de ce plan sont en relation *trans*.

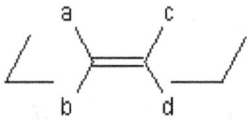

Relation	*cis*	*trans*
Groupes	a et c ; b et d	b et c ; a et d

Les termes *cis* et *trans* sont relatifs et peuvent être ambigus lorsqu'on les utilise pour nommer une entité moléculaire.

Stéréodescripteurs Z et E.

Les groupes portés par chaque carbone sont classés par priorité décroissante en utilisant les règles séquentielles de Cahn, Ingold et Prelog. Supposons qu'on ait :

$$a > b \text{ et } c > d$$

Deux situations se présentent selon que les groupes prioritaires sont situés du même côté du plan passant par les atomes de carbone ou de part et d'autre de ce plan :

La première configuration est appelée *Z* (zusammen) la deuxième est appelée *E* (entgegen) ;

Il existe deux stéréoisomères du but-2-ène :

b. Stéréodescripteurs érythro et thréo.

Lorsqu'une molécule possède deux atomes de carbone asymétriques, il existe au maximum 4 stéréoisomères qu'on peut grouper en deux couples d'énantiomères, sauf dans le cas où il existe un composé **méso achiral**.

On distingue ces couples par les notations **érythro et thréo**. Cet ancienne nomenclature trouve son origine dans l'étude des stéréoisomères du 2, 3, 4-trihydroxybutanal. Ces sucres peuvent être regroupés en deux couples d'énantiomères appelés respectivement *érythrose* et *thréose*.

On s'intéresse aux groupes portés par les atomes asymétriques C_2 et C_3. Les groupes sont classés selon les règles de priorité de Cahn, Ingold et Prelog. La molécule est observée en projection de Newman :
- les groupes défilent dans le même sens la configuration relative est *érythro* ;
- les groupes défilent dans des sens opposés la configuration relative est *thréo*.

L'exemple suivant concerne les stéréoisomères du 2-bromo-3-fluorobutane.

Couples		
Notations	*érythro*	*thréo*

c. Nomenclature D, L de Fischer

Cas des sucres

La molécule est représentée en utilisant la projection de Fischer. On s'intéresse au groupe ☐OH situé sur le *dernier atome asymétrique*. Cet atome est donc différent selon le nombre d'atomes de la chaîne carbonée.

Projection du groupement -OH	à droite	à gauche
Série	D	L

Le (2R)-2-hydroxypropanal (2R-glycéraldéhyde) et son énantiomère le (2S)-2-hydroxypropanal (2S-glycéraldéhyde) sont représentés ci-dessous. Le seul atome de carbone asymétrique est l'atome 2. Le composé 2R appartient à la série D, tandis que le composé 2S appartient à la série L.

$$\begin{array}{c|c}
\text{H}\!-\!\!\overset{^1\text{CHO}}{\underset{\underset{\text{D}}{^3\text{CH}_2\text{OH}}}{\overset{2}{\text{C}}}}\!\!-\!\text{OH} & \text{HO}\!-\!\!\overset{^1\text{CHO}}{\underset{\underset{\text{L}}{^3\text{CH}_2\text{OH}}}{\overset{2}{\text{C}}}}\!\!-\!\text{H}
\end{array}$$

Pour les 2, 3, 4-trihydroxybutanals stéréoisomères (éryhtrose et thréose), il faut s'intéresser à la configuration du carbone 3. On a les résultats suivants :

Configuration absolue	(2R, 3R)	(2S, 3S)	(2R, 3S)	(2S, 3R)
Série	D	L	L	D

La stéréochimie de l'atome de carbone 5 montre que le glucose naturel appartient à la série D.

4. Exercices et Corrections

4.1. Exercice 01

Donner tous les isomères de formule brute C_3H_8O.

Correction 01

Molécules possibles

4.2. Exercice 02

Donnez la représentation de Newman des molécules suivantes, indiquées ici en représentation de Cram.

a) [structure]
b) [structure]
c) [structure]
d) [structure]

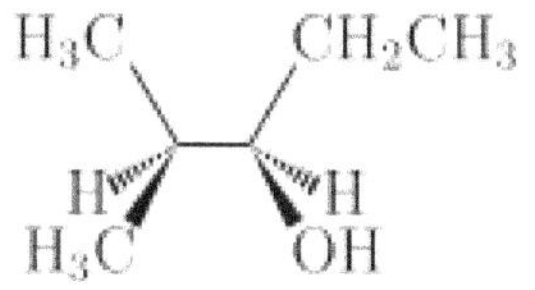

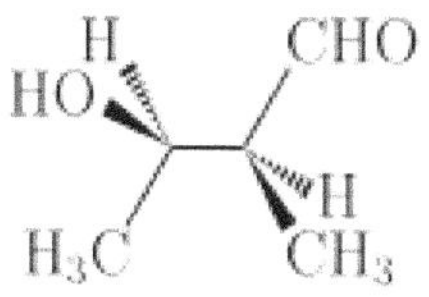

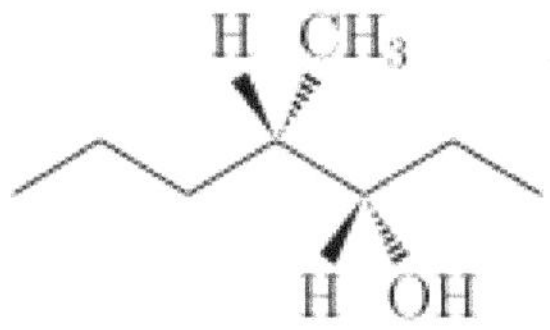

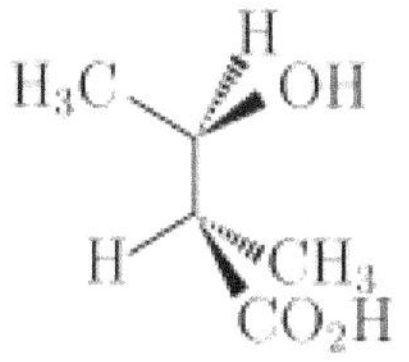

Correction 02

Représentation de Newman des molécules :

a) [Newman projection]

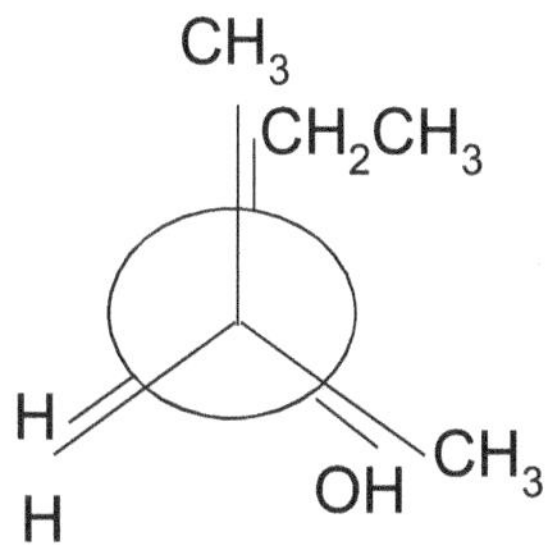

b) [Newman projection]

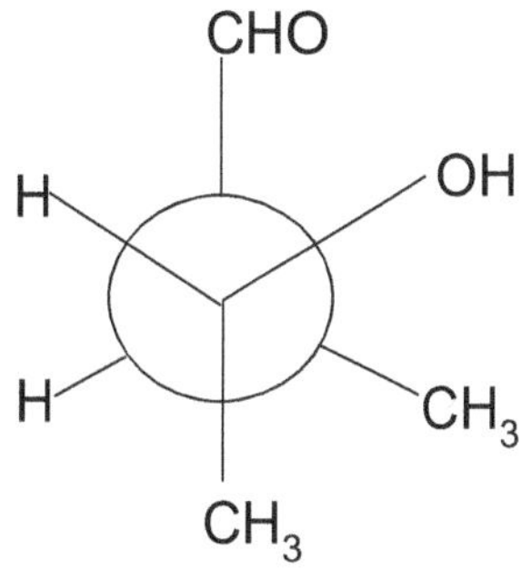

c) [Newman projection]

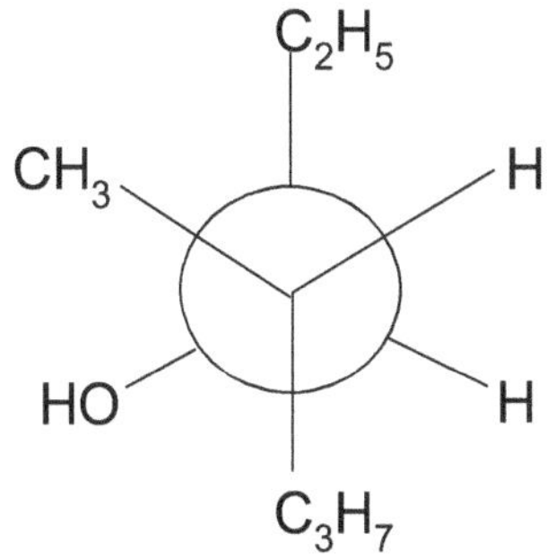

d) [Newman projection]

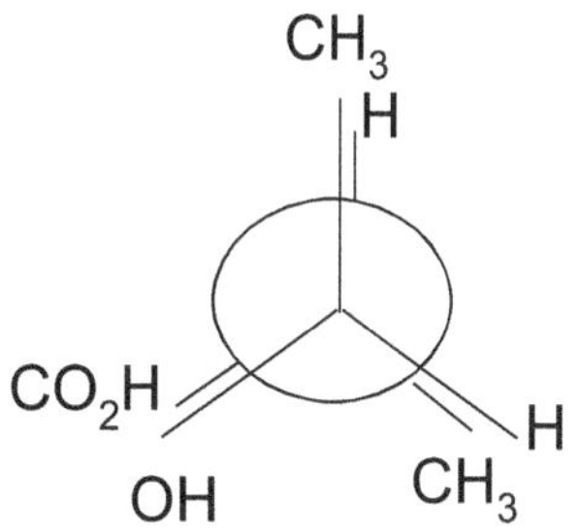

4.3. Exercice 03

Ranger les groupes suivants par ordre de priorité en utilisant les règles de détermination CIP (de Cahn-Ingold-Prelog) et en justifiant le classement :

On la représente en convention de Fischer de la façon ci-contre :

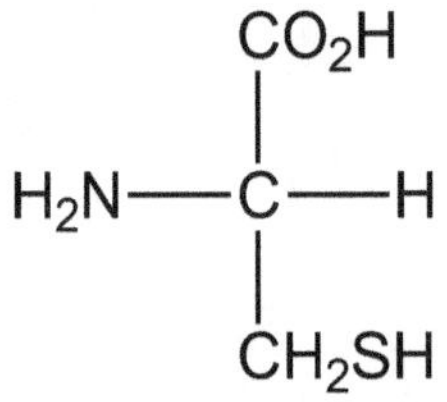

$$\begin{array}{c} CO_2H \\ | \\ H_2N-C-H \\ | \\ CH_2SH \end{array}$$

Nommer la molécule par D-cystéine ou L-cystéine, Justifier.

Représenter la molécule en représentation de Cram et donner la configuration absolue des carbones asymétriques.

Correction 05

La molécule est L-cystéine car la fonction amine NH_2 se trouve à gauche.

Molécule en représentation de Cram

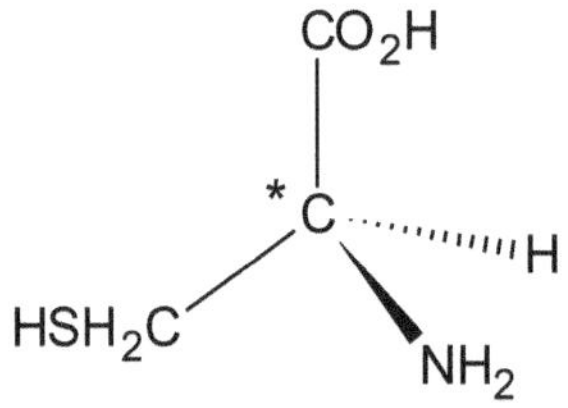

$$\begin{array}{c} CO_2H \\ | \\ {}^*C \cdots H \\ / \quad \backslash \\ HSH_2C \quad NH_2 \end{array}$$

Configuration absolue d'un carbone asymétrique est S

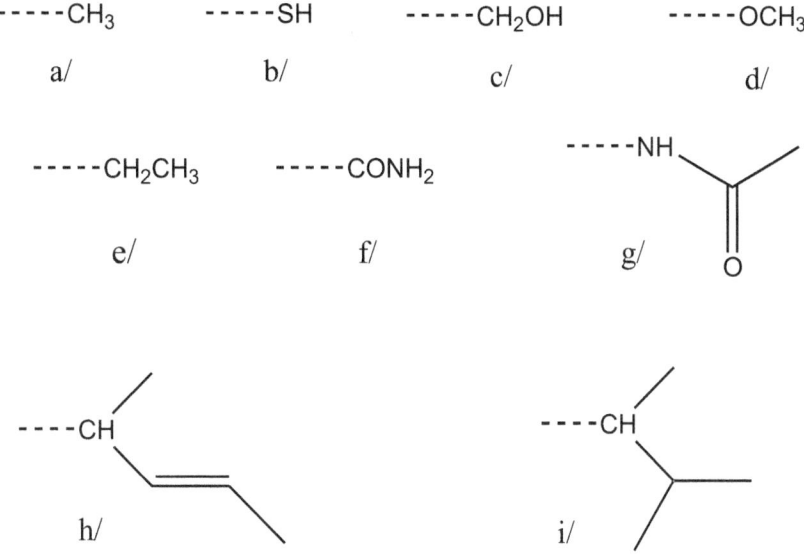

Correction 03

$$b > d > g > f > i > h > c > e > a$$

La justification est le calcul de la somme des nombres atomiques Z

4.4. Exercice 04

Déterminer la configuration absolue (R, S) des carbones asymétriques dans les molécules suivantes :

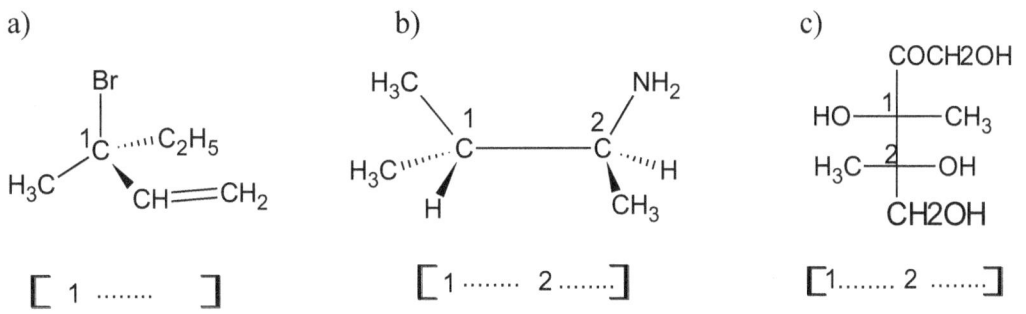

Correction 04

a) (1) S   **b)** (1) il n y a pas de carbone asymétrique, (2) S   **c)** (1) S , (2) R

4.5. Exercice 05

La cystéine est l'un des 20 acides aminés naturels. Sa formule est $NH_2\text{-}CH(CH_2SH)\text{-}CO_2H$.

www.ingramcontent.com/pod-product-compliance
Lightning Source LLC
Chambersburg PA
CBHW080941220526
45465CB00008BA/3112